自适应数据分析方法

——理论与应用

秦喜文　董小刚　著

科 学 出 版 社

北　京

内 容 简 介

本书以高频数据为主要研究对象，将不同的自适应分析方法（经验模态分解、整体经验模态分解、自适应噪声的完备经验模态分解、局部均值分解、总体局部均值分解）应用到金融高频数据的波动率估计中，并比较分析了基于自适应分析方法的波动率估计的优缺点、精度以及未来的应用和发展. 对波动率进行估计可以有效地把握市场的运行规律，这为今后的资产定价和风险管理的研究都提供了丰富的参考依据，同时也为我国股票市场的波动率估计提供了新的思路.

本书的读者对象为统计学、数学、经济学等相关专业的本科生、研究生和教师等.

图书在版编目(CIP)数据

自适应数据分析方法：理论与应用/秦喜文，董小刚著. —北京：科学出版社，2021. 12

ISBN 978-7-03-069866-7

Ⅰ. ①自… Ⅱ. ①秦… ②董… Ⅲ. ①数据处理 Ⅳ. ①TP274

中国版本图书馆 CIP 数据核字（2021）第 191748 号

责任编辑：李静科　贾晓瑞／责任校对：彭珍珍
责任印制：赵　博／封面设计：无极书装

科学出版社出版
北京东黄城根北街 16 号
邮政编码：100717
http://www.sciencep.com
北京中石油彩色印刷有限责任公司印刷
科学出版社发行　各地新华书店经销
*
2021 年 12 月第　一　版　开本：720 × 1000　1/16
2025 年　2 月第三次印刷　印张：8 1/2
字数：169 000

定价：68.00 元

（如有印装质量问题，我社负责调换）

前　　言

非线性、非平稳信号处理 (或数据分析) 是近年来数据分析领域的热点问题. 傅里叶分析是经典的数据分析方法, 由于平稳、分段平稳的要求, 且只适用于线性系统, 其应用具有一定的局限性. 小波分析是一种非平稳数据分析方法, 自 20 世纪 80 年代以来受到学术界的广泛关注并逐渐成熟, 但其本质上是一种可调窗傅里叶谱分析方法, 需要事先选定基函数, 一旦选定小波基底, 只能用这组基来分析数据. 经验模态分解 (EMD) 方法是 1998 年由 N. E. Huang 及其合作者提出的一种能适用于非线性、非平稳信号的数据分析法. 这一方法不同于傅里叶变换, 不是采用预先确定的基函数, 而是通过经验模态分解, 从信号本身分解出一组各不相同的基底, 即分解结果具有自适应的特点. 为了解决经验模态分解中存在的模态混叠等问题, N. E. Huang 提出了一种噪声辅助信号处理方法, 即整体经验模态分解. 在此基础之上, 一种具有自适应噪声的完备经验模态分解 (CEEMDAN) 方法被提出, 它在分解每一个阶段自适应加入白噪声序列时, 通过计算余量信号来得到各个固有模态函数分量, 分解过程具有较好的完备性, 而且解决了整体经验分解效率低和模态混叠的问题. 由于自适应分解存在过包络、欠包络和模态混叠等现象, 2005 年 Jonathan S. Smith 提出具有自适应特点的局部均值分解算法, 并将该方法应用到脑电信号的分析研究中, 实证表明 LMD 算法能更准确地提取数据特征信息. 近十年来, 自适应分解方法成功应用于海洋、大气、生物医学、金融、故障诊断、图像处理等多个领域的数据分析中, 有关这方面研究的论文不断涌现. 可以说, 自适应数据分析方法的理论及应用研究方兴未艾, 继续往更复杂、更广泛、更本质的层次深入.

随着人们对自适应分解理论及应用的研究和发展, 其理论与应用价值受到社会的广泛认可. 金融作为社会资源配置中不可或缺的重要因素, 其本质是价值流通, 它可以被看作衡量某个地区或国家经济能力的重要指标, 金融活动日益广泛地渗透到社会经济生活的各个方面, 它的健康发展对国家的经济发展有着举足轻重的影响.

在金融计量学研究领域中, 以往学者们只能对以日、周、月、季度或年度等频率获取的低频金融时间序列数据进行研究探索, 而近年来, 随着计算机技术和人工智能领域的快速发展, 各类数据呈现爆炸式的增长, 且数据记录和存储的成本大幅度降低, 这使得对高频金融数据的研究成为可能, 各股票交易服务软件和证券交易所可以为金融研究人员提供包含更多市场信息的高频金融数据. 所谓高频金融数据, 也就是在金融市场运行中采集的以小时、分钟甚至秒为采集频率的金融日内交易数据. 金融市场的传统研究大多基于低频数据, 但随着市场中短时间内的交易频繁、交易量的增大, 以往利用低频数据所做的研究难以满足金融市场发展的需求. 由于高频数据蕴含了比低频数据更多的市场波动信息, 因此基于高频数据的波动率估计一定是一种更为真实的市场波动描述, 从而人们开始逐步转向对刻度要求越来越精细的高频数据领域.

如何有效利用包含着丰富信息的金融高频数据来准确估计金融资产波动率受到了许多学者的关注, 高频金融数据的建模与分析, 已成为数据分析领域研究的热点和难点问题. 自适应数据分解是当前迅速发展并得到广泛应用的时间序列分析方法, 主要应用于信号去噪、故障诊断和语音增强等方面. 本书针对金融高频数据波动率的估计问题, 借鉴小波变换思想, 首次利用自适应分解方法实现了高频数据波动率估计. 该方法为高频数据波动率的非参数估计提供了新的解决途径, 具有重要的推广与应用价值.

全书共 10 章, 第 1 章对本研究领域的背景与发展现状进行简明的介绍; 第 2 章介绍了已实现波动率和已实现极差波动率的理论背景及应用; 第 3 章介绍了自适应分解方法的应用; 第 4~8 章分别介绍了 EMD, EEMD, CEEMDAN, LMD, ELMD 对不同高频采样频率下的波动率估计; 第 9 章对五种不同的自适应方法对波动率的估计效果进行了对比; 第 10 章对全书进行了总结, 并给出了未来的研究方向.

本书得到了科学出版社的大力支持和李静科老师的帮助, 在此特致谢意. 我的研究生周红梅、冯阳洋、王强进、李巧玲、张斯琪、王芮、费佳欣等也参与部分内容的撰写、校正工作, 在此表示感谢. 本书得到了国家自然科学基金 (11301036、11226335)、吉林省发改委项目 (2017C033-4) 和吉林省科技厅项目 (20200403182SF) 的资助. 此外, 在本书的撰写过程中, 参考了国内外的相关研究成果, 在此感谢涉及的所有专家和研究人员.

尽管整个撰写过程经过反复斟酌, 仔细修改, 但由于作者水平有限, 书中不妥和疏漏之处在所难免, 恳请读者批评指正.

秦喜文

2020 年 12 月于长春

目　录

第 1 章 绪　论

1.1 研究背景

金融市场是一国实体经济的反映, 是一国经济发展水平的晴雨表, 因此金融市场的波动既可以作为政府采取经济政策调控经济的参考, 也可以作为投资者进行投资的重要观察尺度. 另外, 波动性这一现象在其他金融衍生产品譬如期权等产品定价中也有不可或缺的作用. 因此更有效的度量股市的波动效应, 有利于政府采取及时监控市场运行情况, 尤其是在防范系统性金融风险的主题下, 便于决策层采取更合理的财政政策或者货币政策进行宏观调控, 另一方面, 也有利于投资者把控市场风险, 调整预期并及时调整有利于自身的投资组合提高收益.

波动率研究一直是金融研究领域的热门课题, 学界最早对波动率的研究源于期权定价公式出现后, 波动率作为期权定价公式的一个重要常数, 其预测的准确率影响了期权定价的准确率, 而期权定价的准确率则会对收益造成影响, 因此对波动率的研究显得尤为重要, 比较著名的有以自回归条件异方差 (Auto Regressive Conditional Heteroskedasticity, ARCH) 模型为代表的条件异方差模型的波动率估计.

高频数据 (High-Frequency Data) 是指数据采样的时间间隔较短, 采样频率大于一般研究时所采用的频率. 但高频这个概念是相对而言的, 例如, 对于股票, 可能要在一天内有多个数据才能称为高频数据, 而对于宏观经济数据, 可能一周采样一次就可以称为高频数据了. 如何有效利用包含着丰富信息的日内高频数据来准确量化金融资产风险, 不仅成为近年来金融市场上投资者和监管者关注的热点, 也是相关金融研究领域中的重点问题之一.

相对于低频数据而言, 高频数据并不等同于低频数据的时间细分, 由于受市场信息不确定性和连续性的影响, 高频数据主要呈现下列特点.

(1) 不规则交易间隔.

与传统的低频观测数据 (如年数据、月数据、周数据) 相比, 金融高频数据呈现出一些独有的特征. 最为明显的特征便是数据记录间隔的不相等, 市场交易的发生并不以相等时间间隔发生, 因此所观测到的金融高频数据也是不等间隔的. 从而交易间的时间持续期变得非常重要, 并且可能包含了关于市场微观结构 (如交易强度) 的有用信息.

(2) 离散取值.

金融数据的一个非常重要的特征是价格变化是离散的, 而金融高频的价格取值变化受交易规则的影响, 离散取值更加集中于离散构件附近. 价格的变化在不同的证券交易所设置不同的离散构件, 称之为变化档位, 我国证券交易所规定股价变化的最小档位为 0.01 元; 在纽约证券交易所 (NYSE) 中, 最小档位在 1997 年 6 月 24 日以前是 1/8 美元, 2001 年 1 月 29 日以前是 1/16 美元.

(3) 日内模式.

金融高频数据还存在明显的日内模式, 如波动率的日内 "U" 型走势. 每天早上开盘和下午收盘时交易最为活跃, 而中午休息时间交易较平淡, 随之而来的交易间的时间间隔也呈现出日内循环模式的特征. Mclnish 和 Wood 对价格波动率的日内模式进行了探索, 发现波动率在早上开盘和下午收盘时往往较大, 交易量以及买卖价差也呈现出同样的变化模式. Engle 和 Russell 对交易持续时间 (Duration) 的日内模式进行了研究, 也得出了类似的结论, 从图形上来看变化模式类似于倒 "U" 型.

(4) 自相关性.

高频数据与低频数据一个非常大的区别在于高频数据具有非常强的自相关性. 高频数据的离散取值以及买卖价差等因素是导致强自相关性的原因, 还有一些因素, 如一些大额交易者往往将头寸分散交易以实现最优的交易价格, 这可能导致价格同方向变动从而引起序列的强自相关性. 此外, 还有许多其他因素导致高频数据的强自相关性.

金融高频数据的特征远不止这些, 数据还包含众多的信息维度, 如交易的时间间隔、交易量、买卖价差等. 这些不同的信息维度对于理解市场微观结构具有相当重要的作用, 正是由于金融高频数据的独特特征, 传统的计量分析模型在实际应用中遇到了许多问题. 高频数据波动率作为衡量金融风险大小的一种重要指标已经被广泛用于金融资产风险管理、金融资产及其衍生产品定价等各个领域.

1.2 自适应分解方法的发展现状

回溯信号分析方法的整个发展历程可以发现, 不同的信号分析方法总是为了满足人们对不同类型信号的不同特征而发展[1]. 对于平稳的线性信号或者周期信号, 可以采用傅里叶变换等频域变换的方法得到关于信号全局上的频谱信息; 对于非平稳或非线性信号, 人们对于信号局部的频谱特征更加感兴趣, 相应地必须采用时频分析方法得到信号的时频联合信息, 比如短时傅里叶变换、Wigner-Ville 分布和小波变换.

大多数时频分析方法都是直接针对变化的频率提出的, 并以傅里叶变换为最终理论依据, 都采用积分分析法. 归纳这些由傅里叶变换理论 (演变) 得来的时频分析方法, 按导出方式可以分为三类: 一是直接对傅里叶变换的基函数进行改造, 如 Radon 变换、分数阶傅里叶变换和小波变换等; 二是先由信号得到一个双线性函数, 再进行傅里叶变换, 如 Wigner-Ville 分布等; 三是先对信号加窗, 再进行傅里叶变换, 如短时傅里叶变换和 Gabor 变换等. 第一类时频分析方法一般只适用于某类信号, 如 Radon 变换适用于分析调频信号, 而小波变换适用于分析具有自相似结构的信号; 第二类时频分析方法一般会造成交叉项的困扰; 第三类时频分析方法通常需假设信号是局部平稳的, 这些方法均受傅里叶变换不足的制约. 傅里叶变换理论是将信号分解成无始无终的正弦信号的加权和, 当信号仅由几个信号组成时, 用傅里叶变换比较理想. 但如果信号极不规则, 用傅里叶变换就需要许多的正弦信号来拼凑, 因而容易产生虚假的正弦信号和假频现象. 将基于傅里叶变换理论的时频分析方法用于一般的非线性非平稳信号时, 也会出现虚假信号和假频现象, 如 Winger-Ville 分布会有交叉项, 小波分解会明显出现多余信号等.

总之, 由于基于傅里叶变换理论的时频分析方法的基函数是比较固定的, 缺乏自适应性或自适应性差, 在表示时容易出现多余信号, 即使是波形匹配追踪法和 Chirplet 变换之类的自适应参数时频分析方法, 由于它们极函数的母函数是固定的, 因而它们的自适应性也有限, 且计算复杂以致目前还很少有实例应用. 受 Heisenberg 不确定原理的限制, 这些时频分析方法也不能精确描述频率随时间的变化.

理想地, 为了精确描述频率随时间的变化, 需要一种自适应比较好, 直观的瞬时频率分析方法. 1998 年美籍华人 N. E. Huang 等提出了一种新的信号处理方法——经验模态分解 (Empirical Mode Decomposition, EMD). 该方法从本质上讲是对一个信号进行平稳化处理, 其结果是将信号中存在的不同尺度下的波动或变化趋势逐渐分解开来, 产生一系列具有不同特征尺度的数据序列, 每个序列成为一个固有模态函数 (Intrinsic Mode Function, IMF). 这里主要对经验模态分解、整体经验模态分解和局部均值分解的发展现状进行总结.

1.2.1　经验模态分解的研究现状

在 Huang 提出经验模态分解方法之后, 国内外的学者在此基础上进行了大量的研究. 其中法国著名工程师 Flandirn[2,3] 探索了 EMD 的滤波特性, 在给出数值仿真结果的同时, 他的研究小组得到在白噪声条件下, EMD 如同小波一样, 等同于一个二进制滤波器的结论. 另外, Flandirn 在文章中呼吁: Hilbert-Huang 变换 (Hilbert-Huang Transform, HHT) 理论研究严重落后于其他理论研究的发展, 希望有人能给出 HHT 的理论证明. 于是 Huang[4] 研究了基于白噪声条件下的 EMD 统计特性, 得到了与 Flandirn 同样的结果, 并在 2004 年公布了他的团队开发的 HHT 数据处理系统[5]. 2006 年, Kizhner 等[6] 发表了 “On certain theoretical developments underlying the Hilbert-Huang Transform” 一文, 公布了有关 HHT 理论研究的最初成果, 得到如下四个结论: ① 验证了插值得到包络均值近似为信号的慢变成分, 从而证明了信号的最快变成分; ② 基于三次样条插值的收敛性, 得到 EMD 的收敛速度近似为 $O(1/2^{k-1})$; ③ 发现了 IMF 结构为零极点对称模态与零振幅模态交叉出现的结构; ④ 经验地验证了 IMF 是相互正交的.

受此文章的启发, Chen[7] 采用 B 样条插值代替三次样条求取上下包络, 给出了一种可选择的 EMD 方法, 由于 B 样条比三次样条有着更丰富的数学内涵, 特别是 B 样条函数在希尔伯特变换下, 许多优良的数学特性能够保留, 从而能够分解出更多的 IMF, 并有效提高 IMF 的正交性. 然而, 虽然 B 样条有着数学基础的优势, 但 B 样条的引入同样会产生问题, 比如, 样条次数对 EMD 结果正交性的影响等问题. 此外, 为探索 IMF 严格的数学定义, Qian[8], Felsberg[9] 从单分组信号入手, 寻求 HHT 的数学根源, 探索 IMF 的本质.

由于一维 EMD 算法能够提取信号的固有变化特性, 研究人员试图把 EMD 算法推广到二维甚至是更高维情况, 从而提取数字图像的某种本质属性. 然而, 如同数百年来人们在理论研究中所遇到的困难一样, 同一个问题或者算法推到更高维的时候, 问题的复杂度会大幅度的增加. 一种简单的被称为 “伪二维 EMD”[10] 方法应运而生, 这种方法将图像按行或列当作一维信号处理, 但是, 明显的缺点是会产生内部不连续性. 虽然伪二维 EMD 方法取得了一些成果, 但仍然有许多学者试图探索真正的二维 EMD 方法.

我国学者在 EMD 方法的理论和应用方面都做了大量的研究. 钟佑明[11] 借助振动理论模型初步探索了 EMD 算法中 IMF 应满足的一般数学条件, 并概要地建立了其数学模型. 罗奇峰[12] 分析对比了 EMD 变换与傅里叶变换以及小波变换. 钱涛[13] 提出了可以采用复分析以及测度手段等方法对 IMF 数学理论进行严格的推理证明, 但其只给出了大致的研究思路, 而并未给出严格的证明过程. 陈仲英[14] 结合 Bedrosian 定理的数学理论, 将 Hilbert-Huang 变换方法推广到广义的函数空间.

在应用方面, 尹逊福[15] 将 EMD 方法应用于具有典型非线性非平稳特性的海流信号分析中, 结果显示: EMD 方法在非线性时频分析方面具有很强的优势. 陈淼峰[16] 将 EMD 应用于故障诊断领域, 并将其与传统时频分析方法相结合来共同提取信号中存在的局部瞬时特征物理量. 杨志华[17] 将 EMD 应用于光学信号的研究中. 戴吾蛟[18] 将 EMD 算法应用于滤波领域和噪声消除中. 此外, 有关 EMD 的应用研究还遍及很多领域. EMD 分析方法作为一种新的信号分析和处理方法, 它的深入研究将为信号处理领域提供新的思路, 极大地推动工程应用的发展.

1.2.2 整体经验模态分解的研究现状

为了减少 EMD 模态混叠的现象, 提高 EMD 的分解效率, Wu 和 Huang 等将噪声辅助信号处理 (NADA) 应用到 EMD 方法中, 提出了整体经验模态分解 (Ensemble Empirical Mode Decomposition, EEMD) 算法. 其大概思路是: 将频率均匀分布的白噪声, 加入原始序列中, 使原本不连续的时间序列在不同的时间尺度上连续, 原序列低频部分的极值点分布相对稀少的状况得到改善, 整个频带中极值点的间隔因此变得分布均匀, 也使得我们在计算上下包络线的局部平均值时能得到更准确的答案, 不同时间尺度上序列的连续性也避免了 EMD 过程中的模态混叠.

学者们利用 EEMD 在理论和应用方面做了大量研究. Yeh 等[19] 提出了一种互补集合经验模态分解 (Complementary Ensemble Empirical Mode Decomposition, CEEMD), CEEMD 方法主要是通过向待分析信号中添加两个相反的白噪声信号, 并分别进行 EMD 分解. CEEMD 在保证分解效果与 EEMD 相当的情况下, 减小了由白噪声引起的重构误差. 但是 CEEMD 计算量大, 如果添加白噪声幅值和迭代次数不合适, 分解会出现较多伪分量, 需要对 IMF 分量进行重新组合或者后续处理; 不仅如此, 原 EEMD 方法中限制迭代次数, 使得分解得到的分量未必满足 IMF 定义的两个条件. 郑近德等[20] 对 EEMD 和 CEEMD 算法进行了改进, 提出了 MEEMD(Modified EEMD, MEEMD). MEEMD 方法不但能够在一定程度上抑制分解中的模态混叠, 而且弥补了 EEMD 和 CEEMD 的不足, 具有一定的优越性. 周先春[21] 将 EEMD 应用于信号去噪中; 朱永利和王刘旺[22] 将 EEMD 算法应用在局部放电信号特征提取中; 姚卫东和王瑞君[23] 基于 EEMD 算法进行了结构分解视角下股市波动与政策事件关系的实证研究; 王春香[24] 基于 EEMD 算法进行了动态超限预检系统研究; 康志豪[25] 基于 EEMD 算法进行了电能质量扰动检测的研究; 岳凤丽[26] 基于 EEMD 进行了异常声音多类识别的研究. 此外, 有关 EEMD 的应用研究还遍及很多领域. EEMD 分析方法作为 EMD 的改进算法, 它的深入研究将会促进信号处理领域的快速发展.

1.2.3 基于自适应噪声的完备经验模态分解的研究现状

EMD 是将高频周期信号分解为一组 IMF 分量和趋势项之和的一种分析方法, 但分解的过程中存在模态混叠现象, 这将导致其分解的不同 IMF 分量中含有相似的频率成分或者单个 IMF 中含有信号不同的频率成分. EEMD 是在 EMD 的算法基础上, 利用其尺度的特点, 通过加入均匀分布的高斯白噪声来改善高频信号极值点的特性; 但 EEMD 分解的完备性较差, 会因参数设置不合理而产生较多的虚假分量, 且集成次数对结果造成较大的不确定性, Colominas[27] 在使用 EMD 分解时, 在过程中发现存在模态混叠, 结合 Lei 改进的 EMD 方法——整体经验

模态分解 (EEMD), 虽然分解效果更好, 但增加了计算量, 运行时间过长, 然后提出了基于自适应噪声的完备经验模态分解 (Complete Ensemble Empirical Mode Decomposition with Adaptive Noise, CEEMDAN). 黄威威[28] 研究了互补自适应噪声的集合经验模式分解算法, 即进行了 CEENDAN 的研究, 发现 CEEMDAN 在每个分解的阶段都添加了自适应的白噪声, 利用高斯白噪声零均值特性, 进一步地去减弱 EEMD 方法中的模态混叠现象并减少了 EEMD 产生的虚假分量, 且能够使分解结果更具有完备性, 提高了计算效率和分解质量, 降低重构误差, 减少了分解时间, 进而提高预测精度.

学者们利用 CEEMDAN 在理论和应用方面做了大量研究. Zhang[29] 将 CEEMDAN 用于风能的预测, Yang[30] 将 CEEMDAN 用于心电信号去噪中, 于鹏[31] 将 CCEMDAN 用于电缆线路单极接地故障的检测; 谢志谦[32] 将 CEEMDAN 样本熵与 SVM 结合用于滚动轴承故障诊断; Moshen 等[33] 将 CEEMDAN 和 ANFIS 排列熵用于行星齿轮故障诊断; Li[34] 提出了一种基于 CEEMDAN、互信息 (MI)、置换熵 (PE) 和小波阈值去噪的水声信号去噪新技术; 韩庆阳等[35] 提出一种基于自适应噪声的完备经验模态分解 (CEEMDAN) 的拉曼光谱去噪方法; Das[36] 在 EEMD 和 CEEMDAN 域中, 对脑电图 (EEG) 信号的识别进行了综合分析; 研究学者还在别的领域利用 CEEMDAN 做了大量的研究, 拓宽了 CEEMDAN 的应用领域, CEEMDAN 分析方法作为 EEMD 的改进算法, 促进了信号处理领域的快速发展.

1.2.4 局部均值分解的研究现状

Jonathan S. Smith 在前人的研究基础上提出了一种新的自适应非平稳信号的处理方法——局部均值分解 (Local Mean Decomposition, LMD), 并将这种方法应用于脑电信号分析, 取得了不错的效果. LMD 自适应地将任何一个复杂的非平稳信号分解成若干个瞬时频率具有物理意义的乘积函数 (PF) 分量之和, 其中每一个 PF 分量由一个包络信号和一个纯调频信号相乘而得到, 包络信号就是该 PF 分量的瞬时幅值, 而 PF 分量的瞬时频率则可由纯调频信号直接求出, 进一步将所有 PF 分量的瞬时频率和瞬时幅值组合, 便可以得到原始信号完整的时频分布.

学者在 LMD 的理论与应用方面也做了大量的研究. 程军圣等[37] 将 LMD 方法与 EMD 方法进行了对比研究, 得出 LMD 在抑制端点效应、保留信号信息完整等方面要优于 EMD 方法, 但相对于 EMD 方法也有其不足之处, 如当平滑次数较多时, 信号会发生提前或滞后现象, 在平滑时步长不能最优确定, 无法快速计算等一系列问题; LMD 在其实现过程中会发生模态混叠现象, 使分析结果失真. 程军圣等[38] 针对模态混叠现象提出总体局部均值分解 (Ensemble Local Mean

Decomposition, ELMD) 方法. 在该方法中添加不同的白噪声到目标信号, 分别对加噪后的信号进行 LMD 分解, 最后将多次分解结果的平均值作为最终的分解结果. 对仿真信号和实验转子局部信号进行分析, 结果表明 ELMD 方法能有效地克服原 LMD 方法的模态混叠现象. 在 LMD 算法中需要提取信号的局部均值函数和包络估计, 然而常规的提取方法会带来局部误差且分解速度慢. 为了解决此问题, 王明达等[39] 提出了利用三次 B 样条对信号上、下极值点进行插值得到上、下包络线, 进而获取信号局部均值和包络估计的新方法. 对仿真信号和机械振动信号的对比实验验证了该方法的优越性. 黄传金等[40] 将局部均值分解应用在电力系统间谐波和谐波失真信号检测中; 唐贵基和王晓龙[41] 基于局部均值分解和切片双谱进行了滚动轴承故障诊断研究; 张亢[42] 应用局部均值分解方法在旋转机械故障诊断中进行了研究; 宋斌华[43] 基于 Hilbert-Huang 变换和局部均值分解对时变结构模态参数进行了识别; 陈飞[44] 基于局部均值分解对桥梁结构模态参数识别. 除此之外, 研究学者还在别的领域利用 LMD 做了大量的研究, 拓宽了 LMD 的应用领域, 促进了信号处理领域的快速发展.

1.2.5 总体局部均值分解的研究现状

LMD 算法作为一种对信号进行自适应分解的方法, 能够把混合的多成分信号分解为许多频率由高到低的 PF 分量, 每个 PF 分量仅包含原始信号的一个频率成分. 然而, 当原始信号中有间歇现象或者异常干扰事件时, 原始信号中的频率通常都会低于这些突变信号, 这些干扰或者间歇情况都会使 LMD 分解过程出现模态混叠现象, 没有办法将信号的不同频率特征分解出来, 这将意味着在某一个分量中会出现两种或者两种以上的原始信号的频率成分, 导致 PF 分量不能表现出原始信号的特征信息. 由 1.2.4 节可知 LMD 分解是不断迭代的过程, 如果某一分量出现模态混叠现象, 那么将会导致下一个分量也会出现该现象, 一直到分解结束. 显而易见, 模态混叠问题使得分解后的分量失去该有的实际意义, 难以准确地获得时频信息. 为了解决 LMD 算法中出现的模态混叠现象[45], 湖南大学程军圣于 2012 年提出的一种根据信号自身振动特征进行分解的算法 ELMD. 算法本质是对原信号多次加入白噪声进行 LMD 分解, 并对所得同一批次分量求均值, 得到分解结果. 原信号经处理后转变为一系列频率由高到低排列的 PF 分量, 每个 PF 分量都是一个纯调频信号与包络信号乘积的形式. ELMD 算法首先向原信号中加入幅值系数相同的随机高斯白噪声, 高斯白噪声具有均匀污染时域与频域空间的特性, 由于异常冲击或相似频率的干扰, 原信号存在的频率等级不容易被明显分离出来, 加入白噪声后, 原信号中表征不同频率的点会附着在噪声带上相对应的频带范围内, 这使得不同频率层次的界限更为明显, 从而抑制了 LMD 算法的模态混叠现象.

总体局部均值分解算法常用于故障诊断方面. 比如, 杨斌等[46] 将最优参数 MCKD 与 ELMD 结合用于轴承复合故障诊断中; 邹金慧等[47] 基于 ELMD 和灰色相似关联度对滚动轴承故障诊断进行了研究; 杨帅杰等[48] 提出了一种 ELMD 模糊熵和 GK 聚类的轴承故障诊断方法; 李慧梅、李伟娟、王建国、杨娜、朱腾飞和何园园[49-55] 等学者都将 ELMD 用于故障诊断方面; 局部均值分解还被用于特征提取与识别方面. 比如, 董国新[56] 基于 ELMD 多尺度模糊熵和概率神经网络进行暂态电能质量识别; 陈敏等[57] 利用总体局部均值分解方法对心律失常进行特征提取与分类; 除此之外, 研究学者还在别的领域利用 ELMD 做了大量的研究, 并且改进了 ELMD, 拓宽了 ELMD 的应用领域, 促进了信号处理领域的快速发展.

1.3 波动率研究的发展与现状

20 世纪 90 年代以来, 随着经济全球化进程以人们始料未及的速度加快, 整个世界的经济情况发生了前所未有的变化. 金融作为社会资源配置中不可或缺的重要因素, 其本质是价值流通, 它可以被看作衡量某个地区或国家经济能力的重要指标, 但经过更深入的考察和探究后发现, 现代金融理论与传统金融理论的定义在一定程度上是有区别的. 传统经济学、金融学往往将资本或资金简单地视为一种生产要素, 这是一种原始的、狭隘的、静态的金融资源观, 而国内金融学家白钦先[58] 首次提出金融是一种战略性稀缺的社会资源, 在方法论上实现了由经济分析向金融分析的转变, 在价值观方面突出强调了人与自然、人与社会、社会与经济的协调、稳定、有序、和谐的可持续发展[59]. 稳定的金融体系对国家经济的平稳健康发展有着极其重要的作用, 随着金融市场规模的迅速扩大和各国在经济上的频繁交流, 世界上曾发生了多起严重的金融危机, 比如在 2008 年, 一场波及全球金融市场的金融海啸随着美国第四大投资银行雷曼兄弟控股公司的破产席卷而来, 受到金融市场剧烈震荡等极端事件的影响, 金融机构和投资者的利益遭受巨大损失, 同时也给世界经济体系的稳定发展带来了巨大挑战. 在这样的金融背景下, 对我国的金融市场微观结构进行深入研究是一项必不可少的环节, 这对有效规避金融风险、维护金融系统安全和稳定市场信心具有重要意义.

对金融问题的研究离不开大量金融数据的支撑. 在金融计量学研究领域中, 以往学者们只能对以日、周、月、季度或年度等频率获取的低频金融时间序列数据进行研究探索, 而近年来, 随着计算机技术和人工智能领域的快速发展, 各类数据呈现爆炸式的增长, 且数据记录和存储的成本大幅度降低, 这使得对高频金融数据的研究成为可能, 各股票交易服务软件和证券交易所可以为金融研究人员提供包含更多市场信息的高频金融数据, 所谓高频金融数据, 也就是在金融市场运行中采集的以小时、分钟甚至秒为频率的金融日内交易数据, 甚至还有在交易过程中实时采集的超高频数据. 通常情况下, 金融交易市场中证券市场的运动过程是连续的, 数据的离散程度会造成数据中的信息在不同的程度上有缺失, 数据的采样频率越高, 则数据中包含的信息就越多, 当数据采样频率达到一定程度时, 金融数据中包含的资产价格信息渐近接近于理论上连续时间的资产价格模型[60]. 此外, 高频数据与金融市场微观结构理论的联系非常紧密, 交易过程中产生的金融摩擦会导致理论值和实际观测值之间存在或大或小的偏差, 这种市场微观结构会对市场价格波动性和潜在投资者数量产生影响, 所以, 如何使用数学模型恰当地描述高频数据成为一个极其重要的问题, 这对制定科学的市场监管制度来指导金融市场稳定的运行有研究价值.

波动率在统计学上是用来描述标的资产投资回报率变化程度的, 它被用来衡量资产的风险性. 表现到具体的金融市场, 指的是金融产品或者证券组合价格走势的不确定性, 同样也用来度量股票市场的风险. 金融资产收益波动率的估计和预测一直以来都是金融计量研究的核心问题, 尤其是在金融波动频发、世界各国之间的经济活动联系紧密、相互依存的今天, 波动性作为度量金融风险大小的一种重要指标, 它可以反映金融市场中存在的不确定性和风险性等重要特征, 是体现金融市场体系质量的有效指标, 随着金融市场资源配置效率的提高而增加. 另外, 在高频数据的研究中, 交易中存在的交易竞价跃动、不同步交易、闭式效应等均会影响观察到的高频价格, 导致观察到的高频价格是非均衡价格, 这些因素我们统称为微观结构噪声. 由于波动率在金融风险度量、构建投资组合、资产定价以及套利定价模型等方面的应用也越来越广泛, 因此波动率的准确度量在投资组合选择、风险对冲和风险管理、金融避险产品的开发和利用方面都起着至关重要的作用.

诸如资产组合模型和资本资产定价模型等传统经典理论都假定波动是固定的, 而 1965 年, Fama 观测到投机性金融资产价格的变化和收益率的变化具有稳定时期和易变时期, 即价格波动呈现聚集性和方差时变性. 随后, 在对金融时间序列数据的长期分析中, 人们发现不同的金融市场资产价格和收益率的波动呈现出一些相同的特征, 主要有:

(1) 收益分布的尖峰后尾性.

传统的金融波动研究中, 往往假定收益服从正态分布. 但在实际市场上的实证研究结果表明, “在收益率的均值附近以及距离均值比较远的尾部, 真实分布比标准正态分布具有更高的概率分布密度函数值”, 即金融收益序列往往呈现出尖峰重尾的分布特性[61].

(2) 均值回复现象.

金融资产价格和收益率等时间序列往往围绕着一个固定的值上下波动, 较高的收益往往后面跟着较低的收益, 价格和收益率序列不会无限制地上涨或下跌, 当价格上涨到一定幅度时, 一些市场因素将会使价格下降到正常水平的趋势, 而这种正常水平往往为收益率序列的均值, 也就是说价格序列具有向均值回复的趋势, 这种现象称为均值回复 (Mean Reversion) 现象. 收益率序列的这种均值回复现象是金融时间序列在一个较长时期里表现出来的现象, 该现象反映了价格序列存在着内在均衡机制.

(3) 波动集聚性.

波动的集聚性指一个较大的波动后面往往跟着较大的波动, 而一个较小的波动后面往往跟着较小的波动. 实证研究表明, 波动率的变化不是随机的, 而是呈现出一定的相关性特征, 金融时间序列波动的相关性是金融波动建模和预测的前提和依据[62], 波动的聚集性特征反映了金融波动的正相关和正反馈效应.

(4) 日历效应.

日历效应是对金融高频时间序列研究中的重要发现, 所谓的日历效应 (Calendar Effect) 是指波动率、交易量、买卖价差等金融时间变量在日内、周内、月内所表现出的稳定的、周期性的运动模式. 其中日内模式主要指波动率等指标的日内 “U” 型走势, 简单地说, 就是中间低两头高的模式.

(5) 波动的长记忆性和持续性.

金融资产波动的长记忆性是指, 收益率序列的绝对值或幂的自相关呈现出十分缓慢的衰减, 意味着相聚较远的时间间隔的数据仍然存在着自相关的关系, 表现为历史事件会长期影响着未来; 波动的持续性是指收益率的条件方差的持续性, 这种持续性也是用来刻画当期的条件方差对预期条件方差的持续影响程度. 两者之间既有区别又有联系, 金融资产波动的长期记忆性是收益率序列之间长久的自相关关系, 而波动的持续性是指波动之间的长久记忆关系.

金融资产的波动率并不是随机的, 而是呈现出不同的特征, 收益率的自相关性及长期记忆性特征意味着可以根据此自相关关系用前期的收益率来拟合未来的收益率, 即收益是可预测的. 现代计量经济学方法为分析金融市场的波动性提供了方法基础, 使得构建合适的模型对波动率进行数量化的研究成为可能. 为找到能综合反映金融资产波动率的变化特征, 人们给出了不同的方法和模型, 对于波动测量方法, 基于其使用的数据频率, 可以简单地分为两类: 一, 低频数据波动率模型; 二, 高频数据波动率模型.

迄今为止, 利用金融资产交易的低频数据刻画波动率变化的主要理论大致经历了四个发展阶段:

第一, 历史波动率模型, 该模型假定波动率是恒定的, 并用前期收益的平方作为对未来收益的预期, 用前期收益率方差的无偏估计量来估计波动率. 因为波动率是由历史数据直接计算得出的, 所以被称为历史波动率. 如经典的马科维茨的资本组合理论以及资本资产定价 (CAPM) 模型等. 历史波动率是第一次以较为简单的模型来数量化金融资产波动率, 使其不再是一个抽象的概念, 并且它是最简单易算的一种波动率估计方法. 但是, 由于假定波动率恒定, 并且直接把过去的波动率估计值对未来波动率进行预测, 所以历史波动率是最不准确的一种波动率测量和预测工具.

第二, GARCH 族模型. 该模型的提出是波动率研究领域的重大突破. Engle 和 Kraft 通过分析宏观数据发现一些现象: “时间序列模型中的扰动方差稳定性通常要比假设的差.” Engle 在分析通货膨胀模型时发现大的及小的预测误差常常会成集群性出现, 预测误差的方差受后续残差大小的影响, 即时间序列中也存在异方差性[62]. 为了较准确地刻画资产收益率的波动集聚性现象, 1982 年, Engle 首次提出了 ARCH 模型, 并成功地应用于英国通货膨胀的波动率研究问题中. ARCH 模型的主要思想是: 扰动项的条件方差依赖于它的前期值的影响. 由于 ARCH 模型能够较好地刻画金融资产收益率序列存在的异方差问题. 因此, 它一被提出就引起了研究学者的广泛关注. 但是, ARCH 模型仅仅是一种简单的线性模型, 因此不能刻画出金融资产收益率序列的诸如 “微弱但长久的记忆”(Weak but Long Memory) 特征, 而且容易造成维数灾难. 因此, 为了解决该问题, 保证随机扰动项的条件方差为正数, 能够更好地描述时间序列数据的异方差特征, Bollerslev 把 ARCH 模型扩展成 GARCH(Generalized ARCH) 模型, 即广义自回归条件异方差模型[63]. GARCH 模型很好地解决了 ARCH 模型无法表达自相关系数缓慢衰减以及参数非负性的约束等问题. 然而, Hagerman 和 Lau 等学者相继出现, 负的金融资产收益率引起的波动率收益率要大于正的收益率带来的增幅, 即收益率具有杠杆效应. 其反映在资产价格收益率的分布上, 则呈现出金融资产收益率分布往往具有偏度大于 0、峰度大于 3 的特征, 即收益率具有有偏性和尖峰重尾性特征. 虽然 GARCH 模型可以有效地消除收益率中尖峰重尾的影响, 但是很难解释收益率的杠杆效应. 为此, 学者们提出了不同的非对称 GARCH 模型, 如 EGARCH 模型、TGARCH 模型等.

第三, 隐含波动率模型. 该模型是由期权定价模型推导出来的, 期权定价模型先是假定波动率恒定, 然后推导出期权定价模型, 随后假定标的资产价格已知, 则波动率可以表示为其他变量的函数.

第四, 随机波动率 (Stochastic Volatility, SV) 模型. 该模型假定资产收益的方差服从某种滞后的随机过程, 故称为 “随机方差” 或 “随机波动率模型”. 在这类模型中, 波动率可以和一系列与收益无关的创新变量 (Innovative Term) 联系起来, 波动率噪声使得波动率模型更加灵活, 因此, 基于这类模型的发展非常迅速.

对于低频数据模型的研究目前已较为成熟, GARCH 模型和隐含波动率模型在低频数据领域的研究中能比较充分地刻画出金融市场的波动特征, SV 模型的提出使得波动率假设更具有灵活性. 然而, 波动的长记忆性特征造成的维数灾难和参数估计等问题, 使得该类模型在实际运用中存在一定的局限性, 尤其是由期权定价模型推导出来的隐含波动率模型, 只有在前提假设成立的条件下, 估计才是有效的, 因此在运用方面受到较多的限制.

特别地, 金融市场的信息是连续影响资产价格运动过程的, 数据频率越低, 则损失的信息越多; 反之, 数据频率越高, 获得的市场信息越多. 伴随着电子交易体系的完善和数据库技术的发展, 金融市场的交易系统可以实时传输每一笔成交记录的相关信息以供交易者决策分析. 高频数据逐渐成为人们研究金融市场波动率理论的重要工具和对象. 在金融市场中, 标的资产波动率越大, 说明该标的资产价格上升或下降的机会就越大. 因此, 寻找合适的数学模型对金融高频数据波动率进行估计和预测, 刻画金融市场的波动行为, 不仅有利于对金融市场进行风险管理, 还有助于认清市场本质并制定更加合理的投资决策方案. 20 世纪 80 年代以来, 国内外对波动率的研究与应用出现了空前的发展, 吸引力众多学者的不断探索与业界人士的广泛关注. 已实现波动率 (Realized Volatility, RV) 是由 Andersen 和 Bollerslev 提出的, 已实现波动率是一定抽样频率的日内收益率的平方和, 优点在于既不需要参数估计也不依赖于模型. 已实现波动率是常见的度量金融资产价格波动程度的方法, 在现代风险管理及优化资产配置等领域均有应用. 随着信息时代的快速发展, 金融数据的获取途径不断拓展, 获取的难度不断减小, 其时效性与高频性不断增强. 高频数据包含的市场信息量远远多于传统的日度数据和月度数据, 因此使用高频数据来度量波动率更加准确, 也成为现代金融越来越重要的发展方向. 已实现波动率是基于日内收益数据来估算波动率的方法, 它有别于以往的 GARCH 模型和随机波动率模型, 对模型不具有依赖性, 而且能够充分利用日内价格的变动信息, 迅速反映出资产价格的波动情况. Christensen 和 Podolskij 与 Martens 和 Dijk 又提出了已实现极差波动率 (Realized Range-Based Volatility, RRV), 它和已实现波动率统称为已实现波动测度. 已实现波动率被定义为一定抽样频率的日内收益率的平方之和, 而已实现极差波动率被定义为一定抽样频率的日内极差的平方之和. 由此可知, 已实现波动测度就是在对高频数据的研究基础上发展起来的概念, 它也是本书研究的重点. 基于这两大类波动率模型及其衍生模型, 国内外众多学者对其展开了深入的研究.

早期 Merton[64] 就注意到独立同分布随机变量在固定时段上的方差能用此时段内收益率实现值的平方和来估计, 并表示, 只要频率足够高, 就可以得到非常精确的估计值, 其通过计算每日金融资产收益的平方和, 度量了月内收益的波动率, 但同时也存在估计偏差较大的缺点; 后来 Engle[65] 提出的 ARCH 打破了传统经济学同方差条件的限制, 用以研究英国通货膨胀率的建模问题, 它是金融低频数据波动率研究领域的重大突破, 它比传统的方差齐性模型更准确地刻画了金融市场风险的变化过程, 因此 ARCH 模型及其衍生出的一系列拓展模型在计算经济学领域有广泛的应用, Engle 也因此获得了 2003 年诺贝尔经济学奖; 但是随着研究的进一步深入, 传统波动率模型已难以适用于以高频数据为背景的建模和预测, 基于此, Andersen 和 Bollerslev[66] 提出的已实现波动率作为积分波动率的一个估计, 该方法实现了利用高频数据估计波动率的跨越, 它将波动率看作金融高频数据日内收益的平方和, 基于实际波动率深刻的理论背景和研究基础, Martens[67], Hol[68] 和 Jacobs[69] 等国外学者均利用实际波动率进行联合建模, 结果表明, 基于实际波动率建立的各类模型的波动率估计效果最好且结构最为简洁. 实际波动率利用包含更多市场信息的高频数据进行建模, 不仅提高了波动率估计的精度, 也在国外金融期货市场研究领域掀起了高频金融波动率研究的热潮, 目前被广泛应用于金融资产高频波动率的研究[70]; 部分国内学者也对高频数据波动率做了大量的研究工作, 刘广应和吴海月[71] 运用 ARFIMA 模型描述波动率的动态变化并建立了 VaR 度量预测模型, 实证分析表明, ARFIMA 模型在度量高频数据波动率时比 GARCH 类模型的预测效果更好; 罗嘉雯和陈浪南[72] 构建了具有时变参数和动态方差的贝叶斯 HAR 潜在因子模型 (DMA(DMS)-FAHAR), 研究发现该模型在对中国期货市场的高频已实现波动率进行预测时可以消除隐藏截断点对预测的影响, 从而提高预测精度; 朱学红等[73] 在对我国有色金属期货市场高频波动率进行建模时, 考虑外部冲击对期货市场的影响, 建立了三种波动率预测模型, 其中 HAR-RV-CJN-ES 模型的拟合效果和预测精度有显著提高.

基于 RV 及其修正模型的研究基础和深刻的理论背景, Huang [74] 将新兴的时频数据分析算法——HHT 引入金融时间序列分析建模领域, 在非线性非平稳金融高频数据的降噪和预测等方面取得了突破性的进展. 由于 HHT 存在过包络、欠包络和模态混叠等缺陷, Jonathan S. Smith[75] 提出具有自适应特点的局部均值分解算法, 并将该方法应用到脑电信号的分析研究中, 实证表明 LMD 算法能更准确地提取数据特征信息. 由于金融高频数据和脑电图信号具有相同的特性, 因此可以将金融市场的股票收益率看成一系列的输入信号, 从 LMD 算法的角度对金融高频数据的波动进行描述.

沪深 300 股指期货作为我国金融市场的首只金融衍生工具, 在 2010 年 4 月 16 日正式上市. 由于我国股票市场的发展历史较短, 且各方面的设施建设和制度体系还不是很成熟, 为了深入探究我国金融市场的发展规律和把握发展情况, 对沪深 300 股指期货的金融高频数据的波动率进行研究具有重要的现实意义. 对沪深 300 股指期货的波动率进行研究估计并通过建模找到股票的波动规律, 进而指定并实施有效市场机制规范和完善金融市场的运行秩序, 这同时为金融市场推出新的衍生产品提供了有效借鉴. 与此同时, 相关政府部门也可以根据高频金融数据波动率额研究成果有针对性地制定相关政策, 可以对期指市场进行有效的监管.

股票市场是我国经济的重要组成部分, 对它的研究不仅具有重要的学术意义, 而且具有现实意义, 股票市场的平稳健康发展为推动我国社会经济改革的改革注入了新的活力, 为促进我国的经济健康发展发挥了重要作用, 股票市场在国民经济生活中占据了不可磨灭的重要地位.

1.4 本书的框架结构

基于以上论述, 本书从日内高频数据入手, 在总结国内外大量相关文献、跟踪学界最新研究动态的基础上, 将各种自适应分解方法分解后的高频数据进行多尺度分析, 并将各种自适应分析方法 (经验模态分解、整体经验模态分解、基于自适应噪声的完备经验模态分解、局部均值分解和总体局部均值分解) 应用到股票高频数据的波动率估计中, 与已实现波动率进行比较并分析了基于各自适应分析方法的波动率估计的优缺点、精度以及未来的应用和发展, 为我国股票市场的波动率估计提供了新的思考.

本书共 10 章, 基本结构如下:

第 1 章绪论介绍研究背景与意义, 详细阐述了自适应分解方法和波动率估计的发展现状.

第 2 章介绍了已实现波动率和已实现极差波动率的理论背景及应用. 首先介绍了两种基于高频数据的已实现波动测度的理论背景与其计算方法. 并将已实现波动率与已实现极差波动率的理论进行了比较.

第 3 章介绍了自适应分解方法在信号处理中的应用, 包括信号去噪、非线性振动分析、故障诊断、语音增强以及其他应用等.

第 4 章为基于经验模态分解的高频数据波动率估计. 本章首先介绍了经验模态分解的基本理论, 然后对本书所使用的沪深 300 指数进行了描述性统计分析, 并对经验模态分解后的沪深 300 指数进行多尺度分析, 以初步了解中国股市的基本特征. 最后将经验模态分解方法应用到波动率估计上, 对不同的抽样频率进行实证分析, 并与已实现波动率进行精度比较, 判断经验模态分解对于高频数据的波动率估计是不是可行及有效的, 并给出结论.

第 5 章为基于整体经验模态分解的高频数据波动率估计. 本章首先介绍了整体经验模态分解的基本理论, 对整体经验模态分解后的沪深 300 指数进行多尺度分析, 然后将整体经验模态分解方法应用到波动率估计上, 对不同的抽样频率进行实证分析, 并与已实现波动率进行精度比较, 判断整体经验模态分解对于高频数据的波动率估计是不是可行及有效的, 并给出结论.

第 6 章为基于自适应噪声的完备经验模态分解的高频数据波动率估计. 本章首先介绍了自适应噪声的完备经验模态分解的基本理论, 对基于自适应噪声的完备经验模态分解后的沪深 300 指数进行多尺度分析, 然后将自适应噪声的完备经验模态分解方法应用到波动率估计上, 对不同的抽样频率进行实证分析, 并与已实现波动率进行精度比较, 判断自适应噪声的完备经验模态分解对于高频数据的波动率估计是不是可行及有效的, 并给出结论.

第 7 章为基于局部均值分解的高频数据波动率估计. 本章首先介绍了局部均值分解的基本理论, 对局部均值分解后的沪深 300 指数进行多尺度分析, 然后将局部均值分解方法应用到波动率估计上, 对不同的抽样频率进行实证分析, 并与已实现波动率进行精度比较, 判断局部均值分解对于高频数据的波动率估计是不是可行及有效的, 并给出结论.

第 8 章为基于整体均值分解的高频数据波动率估计. 本章首先介绍了总体局部均值分解的基本理论, 对总体局部均值分解后的沪深 300 指数进行多尺度分析, 然后将总体局部均值分解方法应用到波动率估计上, 对不同的抽样频率进行实证分析, 并与已实现波动率进行精度比较, 判断总体局部均值分解对于高频数据的波动率估计是不是可行及有效的, 并给出结论.

第 9 章为基于自适应性分解方法的高频数据波动率估计的比较分析. 本章首先进行实证分析, 运用不同自适应分解方法进行波动率估计, 然后对各种波动率估计方法进行比较研究, 最后给出结论, 说明不同波动率估计方法的优缺点及其精度.

第 10 章对全书进行总结, 并对未来的研究给出展望.

第 2 章　已实现波动率与已实现极差波动率

2.1　引　言

由于波动率不能被直接观测, 如何估计波动率便成为一个棘手问题. Bollerslev 提出的广义自回归条件异方差 (GARCH) 模型, 能较好地刻画金融资产收益率序列残差项的异方差特性, 因此成为利用低频数据估计波动率的一种经典模型. 在 GARCH 模型以外, Taylor 提出随机波动率 (SV) 模型, 与 GARCH 模型中条件方差可观测假设不同, 随机波动率模型认为条件方差服从不可观测的随机过程, 该模型是利用低频数据估计波动率的另外一种经典模型. 然而, 受限于参数估计的复杂性, SV 模型的运用和拓展不如 GARCH 族模型广泛. GARCH 族模型和 SV 模型的缺陷在于会损失大量的日内价格波动信息, 而且由于波动率无法被直接观测, 这类模型的预测精度也难以评价.

由于高频和超高频数据的获取和存储成本大幅下降, 高频和超高频数据的应用成为研究金融资产收益波动率新的重要切入点. Andersen 和 Bollerslev 首次提出以日内高频收益率平方和计算的已实现波动率作为日波动率的估计, 已实现波动率的理论解释如下: 当对数收益率服从一种半鞅过程时, 已实现波动率的概率极限是积分波动率, 如果高频数据的时间间隔趋近于 0, 则已实现波动率的计量误差也趋近于 0. 已实现波动率模型与 GARCH 族模型和 SV 模型相比, 优势主要体现在: ① 利用日内高频数据估计波动率, 将大大降低利用低频数据估计所带来的严重测量误差; ② 已实现波动率是直接观测到的时间序列, 可以作为金融资产收益真实波动率的代理变量和基准. 然而, 市场微观噪声的存在导致高频数据时间间隔也不是越趋近于 0 越好.

本章拟应用两种基于高频数据的波动率度量方法: 一种是 Andersen 和 Bollerslev[66] 提出的已实现波动率 (Realized Volatility, RV), 另一种是 Christensen 和 Podolskij[76]、Martens 和 Dijk[77] 提出的已实现极差波动率 (Realized Range-Based Volatility, RRV). 前者是利用日内高频收益率序列来估计高频资产波动率, 后者则是利用高频极差信息 (最高价和最低价之差) 来估计金融资产波动率. 本书将它们统称为已实现波动测度 (Realized Measurement of Volatility).

本章后面内容的结构安排如下: 2.2 节对 RV 与 RRV 的理论背景与其计算方法作了简明的介绍, 并从理论角度讨论这两者的区别; 2.3 节对已实现波动率与已实现极差波动率的应用作了总结研究; 2.4 节对本章进行了总结.

2.2 已实现波动率与已实现极差波动率的基础背景

2.2.1 积分波动率

假设在 s 期的某金融资产对数价格 $\ln P(s)$ 服从如下伊藤过程:

$$d\ln P(s) = \mu(s)\,ds + \sigma^2(s)\,dW(s) \tag{2-1}$$

其中, $\mu(s)$ 表示漂移项; $\sigma^2(s)$ 表示瞬时波动率 (Instantaneous Volatility/Spot Volatility); $W(s)$ 表示布朗运动. 在 t 期的 $\ln P(s)$ 的真实波动率可定义为

$$\mathrm{IV}_t = \int_{t-1}^{t} \sigma^2(s)\,ds \tag{2-2}$$

由于 IV_t 是瞬时波动率 $\sigma^2(s)$ 的积分, 通常称之为积分波动率 (Integrated Volatility, IV). 积分波动率是不能观测到的潜在变量 (Latent Variable), 但我们可以使用高频数据来计算其一致估计量, 这就是下面介绍的已实现波动率与已实现极差波动率.

2.2.2 已实现波动率

波动率是衍生工具定价、投资组合构建以及金融风险管理的关键变量, 波动率一直是金融学研究领域的热点. 在低频领域一般采用自回归条件异方差 (ARCH) 模型和随机波动率 (SV) 模型对金融波动进行建模和预测, 这通常都需要进行复杂的参数估计. 近年来, 计算工具和计算方法的发展, 极大地降低了数据记录和存储的成本, 许多科学领域的数据都开始以越来越精细的时间刻度来收集, 这也使得对金融高频数据的研究成为可能. 金融高频数据比低频数据包含了更丰富的日内收益波动信息, 因此 20 世纪 90 年代后期以来, 国际上兴起了对金融市场高频时间序列研究的热潮.

已实现波动率是 Anderson 和 Boilerslev 基于金融高频时间序列提出的一种全新的波动率度量方法, 该方法由于具有无模型、计算方便, 并且是金融波动率的一致估计量等优点, 近年来已被广泛应用于高频金融数据的研究中. 已实现波动率在多变量的情形下可以扩展为已实现协方差矩阵 (Realized Covariance Matrix, RCM), 该矩阵的对角线上为各变量自身的已实现波动率, 非对角线上的元素为变量之间的已实现协方差. 由于多元 GARCH 模型和多元 SV 模型的参数众多, 难

于估计, 即所谓的 "维数灾难", 从而严重阻碍了它们的应用, 而已实现协方差的提出由于其计算简单, 因此可以在一定程度上弥补这一缺陷.

Andersen 和 Bollerslev 给出了已实现波动率与已实现协方差的理论解释. 该理论推导的基本条件就是金融市场中不存在风险套利的机会, 这样金融资产的对数收益率就是一个特殊半鞅过程. 由特殊半鞅的性质, 又可以将其进一步分解为可料有限变差过程和局部鞅过程, 从经济意义上来讲, 可料有限变差过程和局部鞅过程分别代表均值过程 (Mean Process) 和新息过程 (Innovation Process). 由二次变差的性质, 收益率平方和的极限为金融资产对数价格收益的二次变差; 再由伊藤定理, 可以得到二次变差与积分波动 (Integrated Volatility, IV) 的对应关系. 已实现波动率就是收益率的平方和, 这样就可以得出已实现波动率的概率极限为积分波动率.

对于已实现协方差, 同样假设价格向量的对数是一个特殊半鞅, 那么它可以分解成一个均值过程和一个新息过程, 假如均值过程与新息过程是独立的, 且均值过程是一个事先确定的函数 (Predetermined Function), 那么收益率向量的条件协方差矩阵等于二次协变差的条件期望, 二次协变差又可以用收益率平方和及收益率乘积和来近似.

按照 Andersen 和 Bollerslev 对已实现波动率的定义, 假设某金融资产在第 t 个交易日内能够观测到 n 个日内收益率 $\{r_{t(1)}, r_{t(2)}, \cdots, r_{t(n)}\}$, 已实现波动率被定义为这些日内收益率的平方和, 即

$$\mathrm{RV}_t = \sum_{i=1}^{n} r_{t(i)}^2, \quad t = 1, 2, \cdots, T \tag{2-3}$$

其中, $r_{t(i)}$ 表示第 t 期中在第 i 个观测时间段的日内收益率 $(i = 1, 2, \cdots, n)$, 即

$$r_{t(i)} = \left(\ln P_{t(i)} - \ln P_{t(i-1)}\right) \times 100 \tag{2-4}$$

其中, $P_{t(i)}$ 表示在第 t 天第 i 个观测时间段的价格; $\ln(\cdot)$ 表示自然对数. 根据二次变差理论, 当 $n \to \infty$ 时, (2-3) 式的 RV_t 依概率收敛于 (2-2) 式的 IV_t. 换言之, 只要日内收益率的抽样频率足够高, RV 就可以视为真实波动率的一致估计量.

2.2.3 已实现极差波动率

由于信息存储速度等交易条件限制, 经典已实现波动率使用的价格 P 是单位时间间隔内的最终报收价, 仍然难以反映连续时间上的价格变化信息. 利用一段时间内极大极小值金融资产价格极值理论为解决这一偏差提供了方向, 已实现极差波动率方法就是在这一理论上产生的.

采用高频时间序列作为研究对象, 将第 t 日的交易时间均分为 I 个区间, 并将第 t 日第 i 个区间末的交易价格记为 $P_{t,i}$, 最高价格记为 $H_{t,i}$, 最低价格记为 $L_{t,i}$, $i=1,2,\cdots,I$.

由于已实现波动率受到微观市场结构噪声的影响, 过高的频度微观结构偏差会加大, 造成总偏差加大, 学者们开始研究新的已实现测度. Martens 和 Dijk 在此基础上提出了已实现极差波动率. 已实现极差波动率由于能够克服市场微观噪声的影响, 比已实现波动率更有效. 已实现极差波动率公式为

$$\mathrm{RRV}_t = \frac{1}{4\ln 2}\sum_{i=1}^{I}(\ln H_{t,i} - \ln L_{t,i})^2 \tag{2-5}$$

其中 $H_{t,i}$ 和 $L_{t,i}$ 分别为第 i 个区间的最高价格和最低价格. Christensen 和 Podolskij[78] 证明了, 当抽样频率 n 趋近于无穷大时, (2-5) 式的 RRV_t 依概率收敛于 (2-2) 式的积分波动率 IV_t.

2.2.4 已实现波动率与已实现极差波动率的理论比较

根据 Barndorff-Nielsen 和 Shephard, RRV 与 IV 之差 (Realized Volatility Error) 渐近服从如下混合正态分布:

$$n^{1/2}\frac{1}{\sqrt{2\mathrm{IQ}}}(\mathrm{RV}-\mathrm{IV}) \xrightarrow{d} N(0,1) \tag{2-6}$$

(2-6) 式可改写为

$$n^{1/2}(\mathrm{RV}-\mathrm{IV}) \xrightarrow{d} N(0,2\mathrm{IQ}) \tag{2-7}$$

其中, IQ 被称为积分四次幂变差, 即

$$\mathrm{IQ} = \int_0^1 \sigma^4(s)\,ds \tag{2-8}$$

关于 RV 的渐近分布与 IQ 的详细内容, 参见文献 [79~83].

文献 [78] 指出, RV 和 IV 之差也有如下渐近关系:

$$n^{1/2}\frac{1}{\sqrt{\Lambda\mathrm{IQ}}}(\mathrm{RV}-\mathrm{IV}) \xrightarrow{d} N(0,1) \tag{2-9}$$

(2-9) 式可改写为

$$n^{1/2}(\mathrm{RV}-\mathrm{IV}) \xrightarrow{d} N(0,\Lambda\mathrm{IQ}) \tag{2-10}$$

其中

$$\Lambda = \mathrm{Var}(\mathrm{RRV}) = \frac{\lambda_4 - \lambda_2^2}{\lambda_2^2} \approx 0.1708 \tag{2-11}$$

其中, $\lambda_2 \approx 2.7726; \lambda_4 = 9$.

2.3 已实现波动率与已实现极差波动率的应用

已实现波动率的计算不需要复杂的参数估计方法、无模型、计算方便、理论背景丰厚、可操作性强, 并且在一定条件下是积分波动率的无偏估计量, 已实现波动率在多变量的情形下还可以扩展为已实现协方差矩阵, 它不仅包括各变量自身的已实现波动率, 也包括变量之间的已实现协方差. 由于多元 GARCH 模型和多元 SV 模型的参数众多, 参数估计比较困难, 所以这些模型不能得到很好的应用. 而已实现协方差计算简单、易操作, 因此可以在一定程度上弥补这一缺陷. 因此, 已实现波动率近年来被广泛应用于金融高频数据的应用研究中.

Andersen 和 Bollerslev 等率先采用非参数的方法基于高频金融数据提出了已实现波动率. 已实现波动率的方法被提出后, 受到了国内外专家学者们的广泛关注. 国外方面 Blair 和 Poon 等[84] 采用 5min 的 S&P100 指数测算已实现波动率, 并讨论其预测问题. Gonçalves 和 Meddahi[85,86] 提出了基于 Bootstrapping 方法, 对已实现波动率的渐近分布做了相关的研究. Areal 和 Taylor[87] 采用 FTSE-100 指数的高频数据估计该指数的已实现波动率, 并通过已实现波动率来推断 FTSE-100 指数据波动率分布的性质. Elton[88] 将已实现波动率运用到了已实现波动率资产定价问题的研究中. Andersen 和 Bollerslev 等[89] 为已实现波动率进行了预测研究, 并应用于风险价值 (VaR) 的计算; Terrell 和 Fomby[90] 运用已实现波动率理论构建 “已实现”Beta, 并对 “已实现”Beta 的持续性和预测进行研究; Shao 和 Lian 等[91] 将已实现波动率应用于风险价值的估计与检验上, 并将其与基于已实现波动率 ARCH 模型计算的 VaR 进行了对比分析. Barndorff-Nielsen 等[92] 在已实现波动率的渐近理论以及中心极限定理问题中做出了重大贡献. Dovonon 等[93] 将独立同分布的 Bootstrapping 方法拓展到多变量的高频收益率. 例如已实现回归系数、已实现协方差和已实现相关系数.

为了能够更好地改善波动率估计量的统计性质, 研究者提出了一系列的改进方法. 其中, 已实现双/三/多幂变差 (Realized Bipower/Tripower/Mutipower Variation, RBV/RTPV/RMPV) 是 Barndorff-Nielsen 和 Shephard 所提出的最受关注的已实现类波动率估计量, 这些估计量仍不需要模型假设、计算简单, 在特定条件下是波动率的一致估计量. 同时在有效性和稳健性方面具有一定的优越性. 但在实际情况下, 由于抽样频率的限制, 已实现波动率的一致性不能实现. 更严重的是, Andersen 和 Bollerslev, Bandi 和 Russell 均指出市场微噪声的干扰使得高频数据无法得到日波动率的一致估计[94-97]. 徐正国和张世英[98] 为了降低市场微观结构误差对波动率的影响, 对已实现波动做了相应的改进. 张世英等[99-102] 考虑到日历效应的影响, 提出了赋权的已实现/双幂变差/极差 (WRV/WRBV/WRRV) 波动率方法.

Christensen 和 Podolskij[76]、Martens 和 Dijk[77] 基于极差理论提出一种更有效的波动率估计量, 称为已实现极差波动率. 它是通过加总一段时间内收益率序列极差的平方和来估计波动率, 对于已实现波动率用收益率区间两端的数据, 已实现极差囊括了更多的日内信息. 由于已实现极差波动率利用了所有样本点的信息, 所以理论上, 在对波动率进行估计时, 已实现极差波动率比已实现波动率更有效也更准确, 更少受到市场微观结构噪声的干扰. 同时考虑到了一定时间段内极小值和极大值对波动率有影响, 它用日内收益极差的平方代替了 RV 中日内收益的平方, 并且说明了 RRV 的方差是 RV 方差的五分之一. Christensen 和 Podolskij[78] 以定理的形式证明了已实现极差波动率是积分波动率的相合估计量, 并且已实现极差波动率服从混合极限分布. 随后考虑到非同步交易, 买卖价差等的影响, 国外学者们对 RRV 进行调整, Christensen 和 Podolskij 提出了双时间尺度已实现极差波动率 (TSRRV). Andersen 等[103] 分别在 RBV、RTPV 的基础上提出了较之具有更好有效性和稳健性的最小值已实现波动率 (MinRV) 和中位数已实现波动率 (MedRV), 并证明了它们是积分波动率的相合估计量, 具有稳健性, 且在跳跃存在时遵循渐近极限理论.

尽管如此, 与已实现波动率类似, 已实现极差波动率也不能完全规避抽样频率和市场微观结构等带来的影响, 通过实证研究发现, 由于受抽样频率、市场微观噪声等因素的影响, 基于已实现极差波动率估计出的波动也不再具有一致性, 并且基于不同股票市场计算出的已实现极差波动率序列呈现出不同的波动特征, 如日历效应、尖尾厚峰、长记忆性及非对称性等. 对此, Christensen 和 Podolskij 改进了已实现极差, 推导出估计日内极差一系列概率法则, 并讨论了校正已实现极差的渐近分布. 针对高频数据特有的 "日内效应" 的特征, 唐勇、张世英提出了加权已实现极差波动率[102], 这些学者证明它能很好地处理波动的日内效应[104-107]. Barndoff-Nielsen 和 Shephard 等从幂变差角度给出了波动率估计量, 也取得了较好的效果.

相对于低频数据波动率而言, 已实现波动率和已实现极差理论不但包含更多的日内信息, 而且将潜在的波动过程转化为可观测的变量, 因此我们可以运用常规的时间序列分析方法和建模技术对其进行分析和建模. 研究表明, 已实现极差序列同样具有尖峰重尾、长记忆性等特征, 国内外众多学者也相继提出了不同的已实现极差模型, 但是还没有哪一种模型能得到普遍的认可.

2.4 本章小结

本章节主要的内容为理论解释与模型说明部分, 2.2 节介绍了已实现波动率与已实现极差波动率的理论背景, 并推导了已实现波动率与已实现极差波动率的公式定义, 通过公式推导得出, 只要日内收益率的抽样频率足够高, RV 可以视为真实波动率的一致估计量. 除此之外, 从理论角度说明 RRV 与 RV 相比, RRV 是更加有效的积分波动率估计量. 2.3 节主要对已实现波动率与已实现极差波动率的应用进行了总结. 已实现波动率无模型、计算方便、理论背景丰厚、可操作性强, 并且在一定条件下是积分波动率的无偏估计量, 近几年被研究学者广泛应用于金融高频数据领域. 但由于抽样频率的限制, 已实现波动率的一致性不能实现. 于是学者们对已实现波动率做了相应的改进, 其中包括 RRV, 理论上, 在对波动率进行估计时, 已实现极差波动率比已实现波动率更有效也更准确, 更少受到市场微观结构噪声的干扰. 同时考虑到了一定时间段内极小值和极大值对波动率有影响, 它用日内收益极差的平方代替了 RV 中日内收益的平方, 并且说明了 RRV 的方差是 RV 方差的五分之一. 但是已实现极差波动率也不能完全规避抽样频率和市场微观结构等带来的影响, 通过实证研究发现, 由于受抽样频率、市场微观噪声等因素的影响, 基于已实现极差波动率估计出的波动也不再具有一致性, 所以, 并还没有哪一种模型能得到普遍的认可, 有待研究学者们进行后续的研究与探索.

第 3 章 自适应分解方法的应用

3.1 引 言

信号处理技术是近几十年来发展最为迅速的学科之一, 它在结构健康监测、模态参数识别、机械故障诊断、损伤识别以及地震分析等领域起着重要的作用. 信号处理的主要目的是尽可能地利用、提取和恢复包含在测试信号内部的有用信息. 传统的信号处理是在线性、高斯性和平稳性的假定基础上发展起来的, 现代信号处理则以非线性、非高斯和非平稳信号处理作为分析与处理的对象[108]. 随着科学技术的不断发展, 对信号处理理论的方法和要求也越来越严格. 不仅要求其具有全面性、快速性、灵活性、可靠性, 同时要求它能具备自适应性、容错性、鲁棒性和实时性等性能, 信号处理系统越来越向智能化方向发展.

信号处理领域中, 对非平稳信号处理的发展尤为迅速. 围绕着非平稳信号的分析与处理发展起来了一系列的新理论, 提出了许多的新方法, 包括短时傅里叶变换、小波变换、二次时频分布、分数阶傅里叶变换、Hilbert-Huang 变换、自适应分解方法等, 极大地促进了信号处理理论的发展. 本章主要对自适应分解方法的应用进行总结阐述.

3.2 信 号 去 噪

在工程实际应用中, 从被测对象上采集到各种信号中, 由于数据采集环境和采集仪器的原因, 不可避免地存在一些与分析信号无关的噪声成分, 如果对噪声不加以处理而直接分析, 很有可能使得到的结果与真实的情况存在偏差, 对后续工作造成很大的影响[109]. 因而, 在科学研究以及实际应用中, 先要对分析的信号进行预处理, 其中最重要的就是要消除信号的噪声. 同时, 去噪的效果也直接影响着信号分析的结果.

传统的信号去噪方法主要有傅里叶变换去噪法、维纳滤波法、中值滤波法、小波变换去噪法等. 对于非平稳信号而言, 传统的傅里叶变换只可以从全局的角度分析信号在时间-频率域的平均值, 却不可以从局部去分析信号的特征信息. Gabor 于 20 世纪 40 年代提出了短时傅里叶变换的概念, 以弥补傅里叶变换的不足[110]. 短时傅里叶变换一经提出就在非线性、非平稳信号领域得到了广泛的应用[111]. 但短时傅里叶变换对信号分析的效果取决于所选定的窗函数. 针对不同的信号特征选择与之相适应的窗函数, 窗函数一般有矩形窗、高斯函数窗、平顶窗、汉明窗以及汉宁窗等. 在实际的分析中, 要根据不同类型的信号选用不同的窗函数, 这样才能得到最佳的分析效果. 并且对于非平稳信号的分析需要弄清楚每个时刻的频谱分类, 在这种情况下, 傅里叶变换显得无能为力. 对于小波变换, 小波变换的目的就是既要看到信号的全貌, 又要看到信号的细节. 小波分析的基本思想是: 预先设定一个基函数, 并在时间轴上用它与原信号作对比, 来分析非线性、非平稳信号的局部特性. 首先, 将基函数沿时间轴平移来查看原信号不同时间段的局部信息特征; 然后, 通过对基函数进行尺度伸缩产生一个函数簇, 并分别与原信号作对比来查看原信号不同时间段的局部信息特征, 这样就在一定程度上克服了短时傅里叶变换的时间和频率分辨率不能兼顾的弱点. 小波变换对信号的局部分析能力是可以自适应地变化的, 在信号频段较高的部分, 小波变换的时间分辨率很高, 而在信号的低频段部分, 其频率分辨率会相对变低. 小波变换的这种自适应特性使其在科学研究和工程应用中被广泛采用, 发展迅速. 目前而言, 小波变换在工程测试信号处理、语音信息处理、医学信号处理、计算机视觉等领域都有比较成熟的应用[112-114]. 但小波变换也有其局限性. 首先, 小波变换归根到底还是以傅里叶变换为基础的, 所以与短时傅里叶变换一样, 小波变换也受到测不准原理的制约, 不可能同时在时域和频域都拥有无限高的分辨率. 然而与短时傅里叶变换不同的是: 短时傅里叶变换的窗口大小和形状不能随着信号的频率改变而改变, 而小波却提供了一个尺度可变的时间-频率窗口. 在信号的高频段, 小波变换选用窄的时间尺度窗; 在低频段, 则选用宽的时间尺度窗. 但是过宽的窗口尺度会使信号产生能量泄露, 这样就使得与时间和频率相对应的能量比较难定量. 除此之外, 小波基的选取对去噪效果有很大影响, 因此基于小波去噪的方法缺乏自适应性[115].

自适应分解方法是近年来新发展的信号分析理论, 首先是由 Huang 于 1998 年提出的经验模态分解 (EMD), 按照局部时间特征尺度将信号从小到大进行层层分解, 获得有限个频率从大到小的固有模态函数. Rilling[116] 在此基础上提出了基于 EMD 的滤波器组思想, 即通过选择相应结束的 IMF, 自适应地组合高通、低通、带通或带阻滤波器. Wu[4] 等通过大量的实验, 证实了 EMD 方法具有类似小波的二进滤波器特性. Boudraa[117] 等通过对各个 IMF 分别采用不同闭值方法进行滤波重构, 实现了信号的去噪. 基于多分辨的 EMD 在吸取了小波变换优势的同时, 解决了小波变换中小波基选择的难题, 从而可以更方便地对信号进行分解, 具有良好的局部适应性. 而瞬时频率的引入使得我们可以同时从时域和频域两个方面对信号进行分析, 从而具有很强的灵活性和有效性. 这些前人的研究, 为后续 EMD 应用在去噪滤波中打下了理论基础. 目前, 基于 EMD 的信号去噪方法研究已取得了不少成果, 综合起来, 主要分为以下

两种方法:

(1) 基于 EMD 尺度滤波去噪方法. 该方法是对噪声信号进行经验模态分解, 得到各阶 IMF, 每一个 IMF 分量都表征了信号在某一特征尺度上的模态, 选择某些特定的 IMF 分量进行叠加, 就可以构成高通、低通和带通滤波器.

(2) 基于 EMD 的阈值去噪方法. 该方法类似于基于小波软、硬阈值去噪思想, 它的基本步骤是先对噪声信号进行经验模态分解, 得到各阶 IMF 分量, 然后对每个 IMF 分量都选取一个合适的阈值, 用得到的阈值对相应的 IMF 分量进行处理, 之后重构信号[118].

3.3 非线性振动分析

振动是科学技术中广泛存在的现象. 如建筑物和机器的振动、无线电技术和光学中的电磁振动、控制系统和跟踪系统的自激振动、声波振动、同步加速器中的束流振动和其结构共振、火箭发动机燃烧时引起的振动、化学反应中的复杂振动等. 这样一些表面上极不相同的现象, 都可以通过振动方程统一到振动理论中来. 人们根据振动方程是线性还是非线性的, 将系统分别称为线性的或非线性的. 严格来说, 一切实际的振动系统都是非线性的[119].

非线性振动理论的主要任务是研究各种不同振动系统的周期振动规律 (振幅、频率、相位的变化规律, 这三个参数称为振动三要素) 或求周期解, 以及研究周期解的稳定条件. 从工程技术角度来讲, 其任务是研究减小系统振动的方法或有效利用振动使系统具有合理的结构形式和参数[120].

非线性振动问题的具体内容是多方面的, 典型的研究内容有:

(1) 物理参量 (质量、阻尼和刚度等) 的测定;

(2) 特征值 (主固有频率、超谐和亚谐频率、组合频率等) 的测定;

(3) 特征矢量 (各阶振型, 如主振型、超谐和亚谐振型) 的测定;

(4) 各阶响应 (主振动波型与各次谐波的振动波型) 的测定;

(5) 工程非线性振动系统的跳跃与滞后现象的测定;

(6) 工程非线性振动系统的稳定振动状态与不稳定振动状态的测定;

(7) 工程非线性振动系统的分岔现象与突变现象的测定;

(8) 工程非线性振动系统的混沌运动的测定;

(9) 工程非线性振动系统物理参数与运动状态参数慢变特性的测定;

(10) 工程非线性振动系统运动状态突变过程的测定;

(11) 有害的工程非线性振动系统有害影响程度及影响因子的测定;

(12) 有用的工程非线性振动系统有益影响程度及影响因子的测定;

(13) 有害的工程非线性振动系统控制过程及其稳定裕度与控制精度的测定;

(14) 工程非线性振动系统能量流动过程及能量所示的测定等.

在进行实验之后, 测试数据的处理也是一项十分重要的工作, 这要依靠信号处理的理论和方法, 如时域分析法、频域分析法、相平面法、点映射和胞映射法、Poincaré 截面法、最大 Lyapunov 指数法、分形维数法、分岔图法和熵法等.

随着 EMD 研究的不断深入, EMD 方法在非线性振动问题上的应用越来越广泛. 其中主要的应用领域有: 非线性系统分析[121]、非线性预测 [122]、非线性动力特性辨识[123] 等. EMD 作为一种优良的时频分析方法, 在处理非线性和非平稳问题时具有优势, 因此在非线性振动分析中的应用将会受到越来越多的学者们的关注.

3.4 故 障 诊 断

机械故障诊断是指在一定的工作环境下, 根据机械设备运行过程中产生的各种信息判别机械设备是否运行正常, 并判断产生故障的原因和部位. 对关键设备进行状态监测和故障诊断可以提高设备的可靠性, 实现由 “事后维修” 到 “预知维修” 的转变, 保证产品的质量, 避免重大事故的发生, 降低事故的危害性, 并为改进设计积累经验, 从而获得潜在的经济和社会效益.

在机械设备的故障诊断方面, 自适应分解方法有着广泛的应用. 拿 EMD 举例来说, 转子裂纹、碰撞摩擦、扭转振动分析, 齿轮、轴承、机床设备检测与诊断, 模态参数识别及材料结构损伤[124-126] 等方面. 同时也出现了 EMD 方法与其他信号处理方法相结合的发展趋势, 如 EMD 与神经网络等[127-129] 综合特征提取与诊断方法.

国际上, Yang[130] 最早把该方法用于结构的辨识与模态响应分析. Bernal[131] 把该方法用于结构破坏检测等. 在设备诊断领域, Gai[132] 把该方法用于潜艇叶片的故障诊断. Rai[133] 应用 EMD 提取轴承振动信号的 IMF, 结合 FFT 技术提取各 IMF 的频谱特征, 诊断效果不错. Parey[125] 应用基于 EMD 统计方法实现了局部齿轮的早期检测. Pines[134] 应用 EMD 和希尔伯特相位技术对结构健康状态进行检测, 取得了不错的效果. Spanos[135] 应用自适应 Chirplet 分解和 EMD 表征了地震加速度记录的时频结构. Loutridis[136] 应用瞬时能量密度特征对齿轮进行故障检测与诊断.

国内的苗刚[137]、秦树人[138]、于德介[139]、赵进平[140] 及杨世锡[141] 等带领的学术团队及众多科研人员都开展了关于 EMD 理论、算法及应用的研究, 并取得了大量成果. 钟佑明[142] 从理论方面对 HHT 的局部乘积定理进行了论证, 初步为 HHT 提供了一个统一的理论依据, 并提出了边际谱与傅里叶谱之间本质区别的新观点. 贾嵘[143] 提出基于最小二乘支持向量机回归的 HHT, 并成功应用在水轮发电机组故障诊断中. 何正嘉[144] 将 EMD 和神经网络结合, 提出了一种新的机械故障诊断模型, 并采用轴承数据进行了验证. 沈国际[145] 给出了 EMD 中多频信号分析的一个必要条件, 并用于齿轮箱故障振动信号的分离. 胡劲松[146] 把 EMD 方法引入旋转机械振动信号滤波中, 并提出了自相关预处理的 EMD 方法. 程军圣[147] 采用 EMD 方法来分离齿轮振动的各个频率簇, 然后通过分析各个 IMF 分量来提取故障特征信息; 为了消除噪声的影响, 他们提出一种局部希尔伯特能力谱来识别故障. 李辉[148] 采用希尔伯特边际谱和瞬时能量作为齿轮裂纹的故障诊断特征. 张超[149] 提出了基于 EMD 能量熵和支持向量机的齿轮故障诊断方法, 解决了现实中难以获得大量典型齿轮故障样本的问题. 裘焱[150] 将混沌时间序列的 Volterra 模型引入机械故障诊断中, 提出了采用 EMD 与 Volterra 模型相结合的方法提取机械故障特征. 张德祥[151] 利用经验模态分解和 Teager 能量谱对齿轮箱振动信号进行特性分析, 提高了故障检测的可靠性.

3.5 语 音 增 强

语音信号中通常带有随机干扰噪声, 语音增强的主要目的就是通过对带噪语音进行处理, 以消除背景噪声, 改善语音质量, 提高语音的清晰度、可懂度, 提高语音处理系统的性能. 这些目的往往不能兼得, 通常要根据语音处理系统的具体需求而定.

语音增强的研究开始于 20 世纪 70 年代中期, 随着数字信号处理理论的成熟, 语音增强发展成为语音信号处理领域的一个重要分支. 在近 30 多年的研究中, 各种语音增强的方法不断被提出, 它奠定了语音增强理论的基础并使之逐渐走向成熟. 典型的语音增强算法包括: 维纳滤波、谱相减法、卡尔曼滤波、神经网络、小波变换等.

语音增强不但与语音信号处理理论有关, 而且涉及人的听觉感知和语音学. 噪声来源众多, 应用随场合而异, 它们的特性也各不相同. 即使在实验室仿真的条件下, 也难以找到一种通用的语音增强算法能适用于各种噪声环境. 所以必须针对不同的噪声, 采取不同的语音增强对策.

EMD 作为一种新的信号处理方法在语音增强方面展现出了很大的应用价值. 一个典型的 EMD 语音增强方法包括四个步骤: ① 对噪声的语音信号进行 EMD; ② 通过专门的阈值函数对 IMF 分量进行阈值处理; ③ 重构语音信号; ④ 进行功率谱减小后得到增强的语音信号. 国内外关于 EMD 在语音增强中的应用进行了大量的研究, 相关的研究成果有: Khaldi[152] 通过一种能量门限来检测带噪成分最高的几个 IMF 并对其进行 ACWA 滤波. Deger[153] 引入一种可修正的软门限策略, 它利用噪声的方差特性可以有效提取出噪声存在概率. Liu[154] 基于噪声的时间尺度大于语音的事实, 使用将幅度突然增加很多的带噪 IMF 移除的方法去除噪声. 卢志茂[155] 将极值域均值模态分解方法应用到语音增强中, 消除局部数据中隐含的支流分量, 避免了 EMD 方法的端点效应问题. 邹晓杰[156] 提出了一种新的基于 HHT 的语音端点检测算法和自适应多尺度阈值的语音增强算法.

3.6 其他应用

除了上文提到的几个应用领域外, 自适应分解方法在趋势项提取、医学信号处理、地球物理探测、地震工程、海洋研究、水波分析、桥梁工程、气象科学、财政数据处理等方面[157-159] 都有着广泛的应用. 其中最典型的两个应用领域为趋势项提取和生物医学信号处理.

趋势项表征信号的整体变化趋势, 提取和消除信号中的趋势项是信号处理中的一个重要部分. 因为在对信号进行分析处理时, 如果存在趋势项, 会导致时域上的相关操作或频域上功率谱的估计产生较大偏差, 严重时会使谱估计在低频处失去真实的物理意义. 陈隽[160] 深入探讨了经验模态分解在信号趋势项提取中的应用效果, 分析和研究了各类信号基于 EMD 趋势提取的有效性. EMD 作为一种趋势项提取和去除的方法, 由于其无须任何先验知识, 对信号的类型没有限制, 从而比传统的方法诸如最小二乘拟合法、滑动平均法及低通滤波法等提取趋势项的方法更为有效[161].

生物医学信号处理是指: 根据信号特点, 应用信息科学的基本理论和方法, 研究如何从被干扰和噪声淹没的观察记录中提取各种生物医学信号中所携带的信息, 并对它们做进一步分析、解释和分类. 传统的生物医学信号处理主要是以傅里叶理论为基础的. 傅里叶信号处理技术在频谱分析方面以及与其相关联的数据压缩、信号检测、滤波等领域集几乎无可替代. 但傅里叶变换的积分区间是由负无穷到正无穷的, 它无法得到信号在某一段时间内的频谱含量. 而小波变换由于其优良的时频分析特性和处理非平稳随机信号的能力, 成为处理心电等生物医学信号的一种行之有效的方法[162]. 同样, EMD 由于其在分析非线性和非平稳信号时所表现出的良好的适应性, 也已经开始被应用到了生物医学的处理领域. 如心电图信号分析、血压信号去噪、心跳信号分析等[163].

3.7 本章小结

本章主要的内容为自适应分解方法的应用部分, 主要从信号去噪、非线性振动分析、故障诊断、语音增强和其他应用几方面进行了阐述. 自适应分解方法在信号处理方面应用广泛, 作为一种优秀的信号处理方法, 其有着巨大的研究价值, 同时也存在需要不断完善的地方. 在应用方面, 自适应分解方法已经有许多成功的应用领域, 在未来将会应用到更多的领域中.

第 4 章 基于经验模态分解的高频数据波动率估计

4.1 引 言

第 2 章主要分析研究了已实现波动率 (RV) 与已实现极差波动率 (RBV) 两种基于高频数据的波动率测度. 本章将利用经验模态分解 (Empirical Mode Decomposition, EMD) 方法对高频波动率进行估计, 以拓宽自适应分解方法的应用领域. 自适应分解方法是 1998 年美籍华人 N. E. Huang 等提出的一种新的信号处理方法. 该方法从本质上讲是对一个信号进行平稳化处理, 其结果是将信号中存在的不同尺度下的波动或变化趋势逐级分解开来, 产生一系列具有不同尺度特征的数据序列, 每个序列称为一个固有模态函数 (Intrinsic Mode Function, IMF). 由第 3 章可知, 自适应分解方法主要应用在振动信号处理方面, 比如, 信号去噪、非线性振动分析、故障诊断和语音增强等. 本章借鉴小波变换思想, 首次利用经验模态分解方法对高频波动率进行估计. 并在实证部分与已实现波动率进行了对比研究, 验证本方法的有效性和可行性.

本章后面内容的结构安排如下: 4.2 节对本章所应用的经验模态分解的基本理论进行了详细的介绍; 4.3 节对已实现波动率估计进行理论介绍; 4.4 节利用 1min 高频模拟数据验证模态分解在高频波动率估计中的可行性和有效性; 4.5 节对利用经验模态分解后的沪深 300 指数进行多尺度分析; 4.6 节将经验模态分解应用在计算高频数据波动率方面; 4.7 节对本章进行总结.

4.2 经验模态分解基本理论

传统的频率概念源于对周期性信号的经典物理学定义, 其实质是表征信号在一定时间内的总体特征. 瞬时频率与传统的频率概念截然不同, 但可以兼容后者, 自 1937 年 Carson 等[164] 首次提出瞬时频率以来, 瞬时频率的定义方法也经历了一个漫长的发展过程. 研究学者发现给瞬时频率一个合适的定义, 并不是一件容易的事情. 因为, 将一个实信号 $x(t)$ 表示成 $x(t) = \alpha(t)\cos\varphi(t)$, 有无穷多种表示法[165]. 尽管在探索的过程中困难重重, 研究学者们并没有轻易放弃. Ville 在 1948 年提出的瞬时频率解析信号相位求导定义[166], 其解析信号由希尔伯特变化唯一确定, 目前在学术界得到了普遍认可[167,168].

然而, 从物理学的角度而言, Ville 的定义却存在一些质疑. 根据信号的物理本质, 可将信号分为单分量信号和多分量信号[169,170]. 单分量信号在任一时刻都只有一个频率, 而多分量信号可以有多个频率, 然而由 Ville 的定义对任意信号得到的仅仅是一个频率值. 因此, 该定义只适用于单分量信号, 而对多分量信号讨论单一频率是没有物理意义的. 虽然人们已经认识到了信号分为单分量信号和多分量信号, 但并不知道如何确定一个单分量信号. 并且, 当用解析信号相位函数导数计算信号的瞬时频率时还会产生悖论, 为了获得有意义的瞬时频率, 必须给信号施加严格的限制条件[171]. 因此, Huang 经过深入研究与探索, 提出了 Hilbert-Huang 变换.

4.2.1 瞬时频率

自然界的各种信号都是实数信号. 但是, 在某种意义上定义对应于实信号的复信号是具有数学物理意义的; 信号的瞬时量, 如瞬时幅值、瞬时相位和瞬时频率等参量, 对于描述一个信号, 尤其是对描述一个非平稳信号来讲是非常重要的; 复信号的定义使我们能够确定瞬时幅值与瞬时相位, 并由此确定瞬时频率[172].

实信号 $x(t)$ 对应的复信号 $z(t)$ 按照下面的式子定义:

$$z(t) = x(t) + jy(t) = \alpha(t)\, e^{j\theta(t)} \tag{4-1}$$

在公式 (4-1) 中, $z(t)$ 的实部为 $x(t)$, 而虚部 $y(t)$ 是需要选择的, 其选择的原则是对信号的瞬时量实现合理的物理和数学描述. 如果能够按照某种方法确定虚部 $y(t)$, 就可以明确地定义实信号 $x(t)$ 的瞬时幅值和瞬时相位, 定义如下:

$$\alpha(t) = \sqrt{x^2(t) + y^2(t)} \tag{4-2}$$

$$\theta(t) = \arctan\frac{y(t)}{x(t)} \tag{4-3}$$

而瞬时频率的定义为瞬时相位的导数, 即

$$\omega(t) = \frac{d\theta(t)}{dt} \tag{4-4}$$

可以看出, 在 $z(t)$ 的虚部 $y(t)$ 确定后, 上述实信号 $x(t)$ 瞬时量的定义变得非常简单, 因此问题的关键就是如何定义虚部 $y(t)$. 最早确定 $y(t)$ 的方法是正交化方法, 但是其存在着一些基本问题, 1946 年 Gabor 将实信号 $x(t)$ 的希伯尔特变化作为公式 (4-1) 中 $z(t)$ 的虚部 $y(t)$. 按照这种做法, 不仅复信号 $z(t)$ 是解析信号, 而且根据式 (4-2) 定义的瞬时频率在许多情况下与人们对瞬时频率的直观感知相符.

应当指出, 到目前为止, 对瞬时频率的数学定义在信号处理领域尚未达成共识, 而且对基于希尔伯特变换的瞬时频率的定义还存在着许多争论. 事实上, 瞬时频率是一个基本的物理概念, 并不只是一个数学定义问题; 对于这一概念, 任何一个合理的思想或定义都要与人们的直观感相适应, 并充分地表达此概念, 而且能够产生更进一步的丰富思想. 在某些情况下, 如实信号 $x(t)$ 为单分量信号或者某些窄带信号时, 解析信号的相位导数能够满足人们对瞬时频率的直观感知. 但是, 在许多情况下, 这种基于希尔伯特变换的瞬时频率的定义将会产生与人们的直观不相符的结果, 这就是 Huang 引入 EMD 方法的原因所在.

4.2.2 固有模态函数

为了通过希尔伯特变换获得数学物理意义明确的瞬时频率, 许多学者都研究过对信号的限制条件, 如 Gabor、Bedrosian 和 Boashash 等. 他们提出的限制条件尽管有些能够在数学上获得证明, 但这些条件都是全局意义上的, 即定义在整个时域或频域上, 而缺乏 "局部" 意义, 无法从中获得处理信号的实用方法. 为此, Huang 将传统的全局限制条件发展为局部限制条件, 并提出了革命性的固有模态函数概念.

固有模态函数满足以下两个条件:

(1) 整个事件历程内, 穿过零点的次数与极值点数相等或至多相差 1.

(2) 信号上任意一点, 由局部极大值定义的上包络线和局部极小值定义的下包络线的均值为 0, 即信号关于时间轴局部对称.

在上述的两个条件中, 第一个条件类似于传统的平稳高斯过程的窄带要求; 第二个条件是 Huang 提出的一个新的限制条件, 它将传统的全局条件修改为局部条件, 对于这一条件, Huang 认为是一种对信号实现可操作的必要近似, 而且将一个信号分解为 IMF 分量的方法也是一种物理方法. 正因为如此, 并非在所有情况下, 希尔伯特变换作用在满足这两个条件的 IMF 上时都能给出完美的瞬时频率, 但是 Huang 验证了即使在最坏的情况下, 对 IMF 进行希尔伯特变换所定义的瞬时频率也能够与所研究系统的物理机制相一致.

固有模态函数反映了信号内部固有的波动性, 在它的每一个周期上, 仅仅包含一个波动模态, 不存在多个波动模态混叠的现象. 一个典型的固有模态函数如图 4-1 所示, 它具有相同的极值点和过零点的个数. 同时, 上下包络线对称于时间轴, 在任意时刻只有单一的频率成分, 从而可对它进行希尔伯特变换并计算瞬时频率.

4.2.3 经验模态分解

通过 4.2.1 节和 4.2.2 节的讨论, 对 IMF 进行希尔伯特变换所得到的瞬时频率能够为我们信号所描述现象进行合理物理解释. 但是, 大部分信号都不满足 IMF

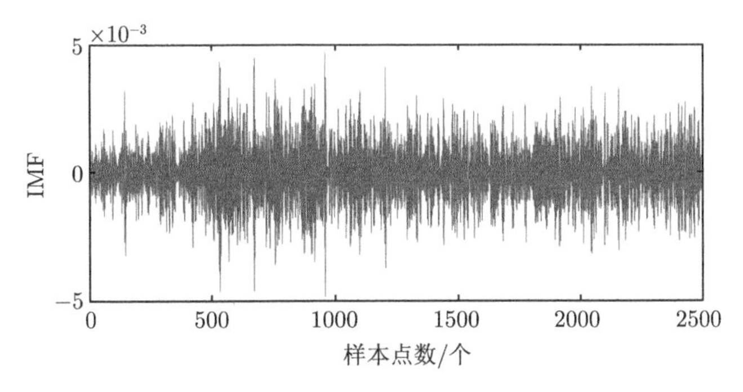

图 4-1 一个典型的固有模态函数

条件. 在任意时刻, 一般信号包含不止一个振动模态, 正是这种原因使得简单的希尔伯特变换无法为一般信号的频率含量提供全面的描述. 因此, 必须将一般信号首先分解为 IMF 分量, 然后再对 IMF 分量进行希尔伯特变换.

提取 IMF 分量的概念之后, 根据 IMF 的定义, Huang 研究出一种将任意信号分解为 IMF 分量的方法, 即经验模态分解. 与其他信号处理方法相比, EMD 是一种自适应的信号分解方法, 不需要像小波分析方法一样找基函数, 所以相比而言更具有优势, 在各个范畴受到了学者以及科学家的普遍使用. EMD 模型的实质是研究非线性、非平稳的时间序列, 对信号序列中不同尺度的频率按趋势由高到低逐步进行分解, 产生一系列不同特征时间尺度的序列. 将每个序列定义为一个固有模态函数 (Intrinsic Mode Function, IMF) 分量和一个残余分量 (Residual Component, Res). 这些固有模态函数分量突出了原信号的局部特征, 更多地体现出信号的特征信息, 而残余分量表现了信号的平均趋势.

EMD 分解基于以下三点假设:

(1) 信号至少有一个极大值点和一个极小值点;

(2) 特征时间尺度定义为相邻两极值点之间的时间间隔;

(3) 如果信号没有极值点, 仅仅只有拐点, 可通过微分获得极值点, 然后再积分得到相应分量.

EMD 的基本理论就是将频率混合的时间序列分解为频率规律的 IMF 分量和残余分量, 以信号局部时变这种特殊的性质作为基础, 步骤如下[173]:

(1) 确定原始信号 $x(t)$ 所有的极大值点和极小值点, 运用三次样条函数, 拟合原信号所有极大值点和所有极小值点, 分别构成了原信号的上包络线和下包络线.

(2) 将上包络线和下包络线构成的时间序列相加, 并求其平均值 $\alpha(t)$, 原信号

序列与 $\alpha(t)$ 的差, 记为新的信号序列 $h(t)$, 即

$$h(t) = x(t) - \alpha(t) \tag{4-5}$$

(3) 检测 $h(t)$ 是否满足 IMF 的 2 个条件, 如果满足, 则 $h(t)$ 为 EMD 分解出的第一个 IMF 分量; 若 $h(t)$ 不满足 IMF 的 2 个条件, 则将 $h(t)$ 定义为新的原始信号序列, 重复上述步骤 (1) 和 (2), 直到满足 IMF 的 2 个条件, 此时 $h(t)$ 为第一阶 IMF, 记为 $c_1(t)$.

(4) 将原始信号序列 $x(t)$ 去掉 $c_1(t)$ 得到 $r_1(t)$:

$$r_1(t) = x(t) - c_1(t) \tag{4-6}$$

(5) 将 $r_1(t)$ 作为新给定的原始信号, 重复 (1)~(4) 步骤 n 次, 得到第二阶, 第三阶, $\cdots$, 第 n 阶的 IMF 分量, 直到第 n 阶的残余分量 $r_n(t)$ 小于预设值, 或者为常数、单调函数, 不能再满足 IMF 的 2 个条件, 不能再分解出 IMF 分量, 则分解终止. 最终原始信号 $x(t)$ 通过 EMD 分解得到 n 个 IMF 和一个余项:

$$x(t) = \sum_{i=1}^{n} c_i(t) + r_n(t) \tag{4-7}$$

EMD 分解采用的具体流程如图 4-2 所示.

但是其实在实际操作中, IMF 的上下包络线的平均值很难始终为 0, 我们无法找到满足条件的信号, 因此采用限制 2 个连续结果间的标准差作为筛选终止准则:

$$S_D = \sum_{k=0}^{T} \frac{\left(h_{k-1}(t) - h_k(t)\right)^2}{h_k^2(t)}$$

其中, T 代表信号的时间跨度; $h_{k-1}(t)$ 和 $h_k(t)$ 为筛选 IMF 过程中的 2 个连续结果的时间序列, 通常 S_D 的取值在 0.2~0.3. S_D 定义的值越小, 则表示结束的准则越严格, 筛选的操作次数越多, 筛选出的 IMF 更详尽也更稳定; S_D 定义的值越大, 则表示结束的准则越放松, 筛选的操作次数越少, 筛选出的 IMF 更简略更不稳定.

虽然 EMD 方法在处理非平稳和非线性的数据上具有很大的优势, 但它也存在着很大的缺陷:

(1) 分解得到的 IMF 序列存在着模态混叠现象, 也就是一个 IMF 中会包含不同时间尺度的特征成分, 一方面是由于信号本身的原因, 另一方面是 EMD 算法本身存在着缺陷;

(2) 在分解出 IMF 序列的过程中需要迭代很多次, 而停止迭代的条件缺乏一个具体的标准, 所以不同的停止迭代的条件得到的 IMF 序列会不同.

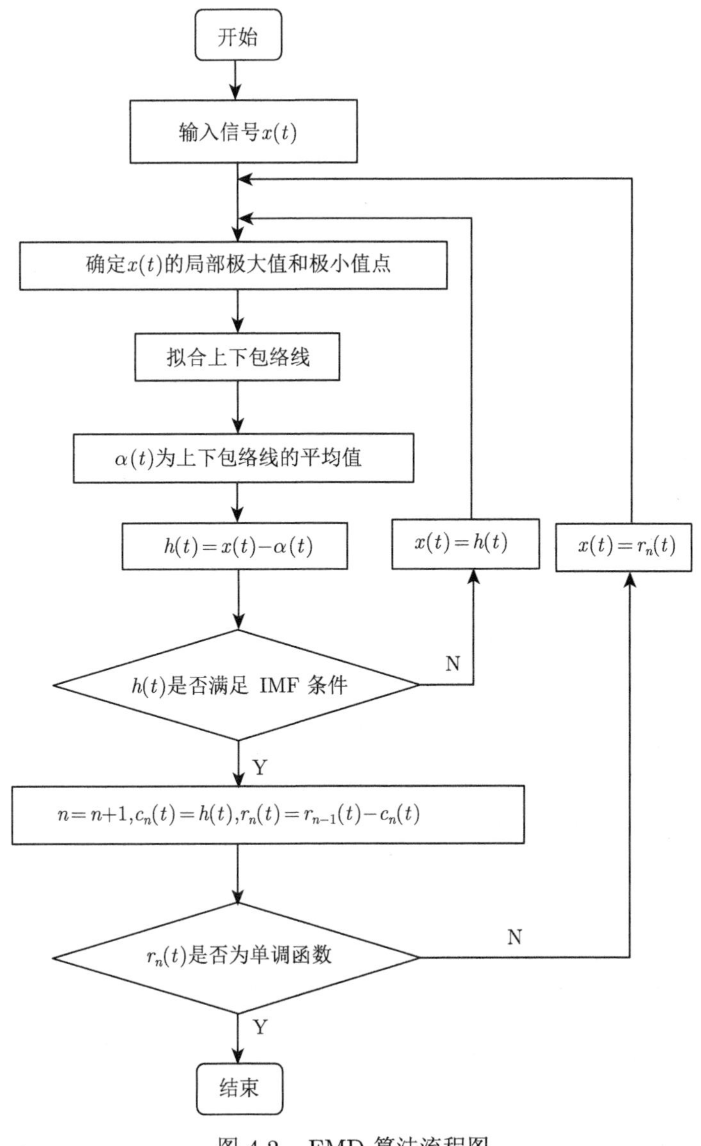

图 4-2 EMD 算法流程图

4.2.4 希尔伯特谱分析

EMD 方法基于信号的局部特征时间尺度, 将信号自适应地分解为若干个 IMF 分量之和, 这样使得瞬时频率这一概念具有了实际的物理意义, 从而可以计算每个 IMF 分量的瞬时频率和瞬时幅值. 对式 (4-5) 中每个固有模态函数 $h_i(t)$ 作希尔伯特变换, 得到

$$h_i(t) = \frac{1}{\pi}\int_{-\infty}^{\infty}\frac{h_i(\tau)}{t-\tau}d\tau \tag{4-8}$$

构造解析信号

$$z_i(t) = h_i(t) + j\hat{h}_i(t) = \alpha_i(t)e^{j\varphi_i(t)} \tag{4-9}$$

于是得到幅值函数为

$$\alpha_i(t) = \sqrt{h_i^2(t) + \hat{h}_i^2(t)} \tag{4-10}$$

进一步可以求出瞬时频率为

$$f_i(t) = \frac{1}{2\pi}\omega_i(t) = \frac{1}{2\pi}\frac{d\varphi_i(t)}{dt} \tag{4-11}$$

可以得到

$$x(t) = \mathrm{RP}\sum_{i=1}^{n}\alpha_i(t)e^{j\varphi_i(t)} = \mathrm{RP}\sum_{i=1}^{n}\alpha_i(t)e^{j\int\omega_i(t)dt} \tag{4-12}$$

这里省略了残量 $r_n(t)$, RP 代表取实部. 展开式 (4-12) 称为希尔伯特谱, 记作

$$H(\omega,t) = \mathrm{RP}\sum_{i=1}^{n}\alpha_i(t)e^{j\int\omega_i(t)dt} \tag{4-13}$$

再定义希尔伯特边际谱

$$h(\omega) = \int_0^T H(\omega,t)dt \tag{4-14}$$

式中 T 表示信号的总长度. $H(\omega,t)$ 精确地描述了信号的幅值在整个频率段上随时间和频率的变化规律, 而 $h(\omega)$ 反映了信号的幅值在整个频率段上随频率的变化情况.

4.2.5 经验模态分解特性

EMD 是一种基于经验的分解方法, 其算法是从实际工程中得到的, 严密的逻辑数学推导还在研究探索中, 所以只能通过实验来揭示 EMD 的一些本质[4]. Wu 和 Huang 以均匀分布的白噪声为信号, 用实验的方法对 EMD 及其 IMF 分量进行了研究与分析. 从其研究的成果中揭示了 EMD 的两个重要本质. 一是, EMD 的二进滤波器作用. EMD 在分解过程中, 首先分解出的第一个分量 IMF_1, 其频率段是信号中最高的频率段, 中心频率为 f_1. 由白噪声的分析知道第二个分量分解的频率是第一个的 1/2, 因此分量 IMF_2 的中心频率 $f_2 = f_1/2$, 而分量 IMF_3 的中心频率 $f_3 = f_2/2 = f_1/4$, 以此类推, 这就是 EMD 的二进滤波器作用. 图

4-3 为 EMD 的频率部分图. 二是, 频率确定的自适应性. 在上述的讨论中, 所有频率段的中心频率都和 IMF_1 的中心频率 f_1 相关, 而这个中心频率并不是由人为因素决定的, 而是由信号本身决定的, 即信号的最高频率自动决定了 f_1 的取值. 另外, EMD 过程中的自适应性不仅仅是对应于第一阶 IMF 分量, 而是体现在所有的 IMF 分解中, 当信号中没有该频段的频率成分时, 下一阶的 IMF 中心频率就由低于该频率段的实际频率决定. 综上所述, EMD 的本质是一个自适应二进滤波器组的滤波.

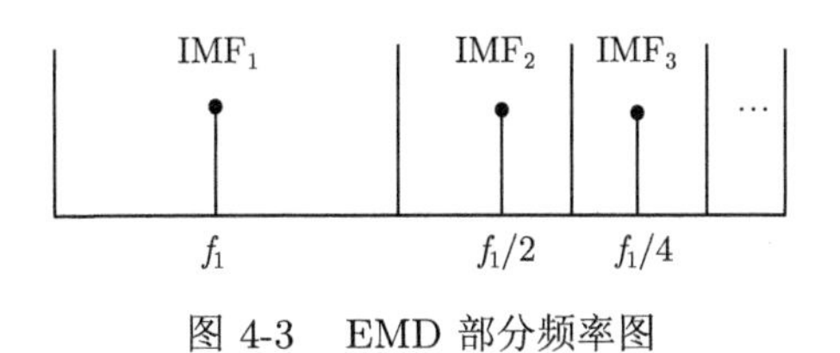

图 4-3 EMD 部分频率图

4.3 已实现波动率及其估计

假设某金融交易在第 t 个交易日内的第 i 个观测时间段的收盘价是 $P_{t,i}$, 则日内收益率可表示为[174]

$$r_{t,i} = (\ln(P_{t,i}) - \ln(P_{t,i-1})) \times 100 \tag{4-15}$$

若金融原生资产在第 t 个交易日内可获得 m 个收盘价格, 且对数收益率可表示为 $\{r_{t,1}, r_{t,2}, \cdots, r_{t,m}\}$, 则已实现波动率被定义为日内收益率的平方和:

$$\mathrm{RV}_t = \sum_{i=1}^{m} r_{t,i}^2 \tag{4-16}$$

本章首先利用 EMD 算法对 $r_{t,m}$ 进行分解, 得到多阶 IMF 以及趋势项. 然后根据 $k = \log_2(N)$ 确定 IMF 的选取阶数, 其中 N 为分解后 IMF 的总阶数. 由于 EMD 分解后所得 IMF 的波动频率是从高到低的, 所以选取前 k 个 IMF, 并对其平方求和, 即分解后第 t 天的波动率表示为

$$\mathrm{RV}_t' = \sum_{m=1}^{n}\sum_{i=1}^{k} \mathrm{IMF}_{m,i}^2 \tag{4-17}$$

4.4 模 拟 研 究

通过模拟数据分析 EMD 算法在高频波动率估计中应用的可行性和有效性. 假设普通资产的对数价格 $p(t)$ 满足下面连续时间的 GARCH 模型[175]:

$$dp(t) = \sigma(t)\, dW_1(t)$$

$$d\sigma^2(t) = \theta\left(\omega - \sigma^2(t)\right) + \sqrt{2\lambda\theta}\sigma^2(t)\, dW_2(t)$$

其中 $W_1(t)$ 和 $W_2(t)$ 是独立的布朗运动.

给定模型中的参数 $\theta = 0.035$, $\omega = 0.636$, $\lambda = 0.296$, 模拟过程中使用欧拉离散方法, 基本步骤如下:

(1) 令 $Y[i]$ 表示瞬时波动率 $\sigma^2(t)$, $p[i]$ 表示资产对数价格 $p(t)$, 首先使用欧拉离散方法计算 $d\sigma^2(t)$, 生成瞬时波动率

$$Y[1] = Y_0$$

$$Y[i+1] - Y[i] = \theta\left(\omega - \sigma^2(t)\right)\Delta t + \sqrt{2\lambda\theta}\sigma^2(t)\, Z_1[i]\sqrt{\Delta t}$$

(2) 通过生成的瞬时波动率 $\sigma^2(t)$ 来生成对数价格 $p(t)$

$$p[1] = p_0$$

$$p[i+1] - p[i] = Y[i]\, Z_2[i]\sqrt{\Delta t}$$

(3) 对数收益率为

$$r_t = p(t) - p(t-1)$$

计算 $p(t)$ 的日内真实波动率为

$$\mathrm{RV}_t = \sum_{t=2}^{n}\left(p(t) - p(t-1)\right)^2 \tag{4-18}$$

基于 MATLAB 软件, 以 1min 为时间间隔, 模拟生成一天的数据量共 240 个, 共进行 30 天的随机模拟. 总计为 7200 个数据, 这些数据代表收盘价, 利用 EMD 方法对高频数据的对数收益率进行分解, 计算出每一天的波动率, 并与日内真实波动率进行对比.

首先, 对 1min 高频数据的对数价格 $p(t)$, 计算对数收益率, 并画出原始时序图以及对数收益率时序图, 如图 4-4 所示. 从图可以看出, 原始数据波动幅度大; 从对数收益率时序图可以看出, 对数收益率序列波动范围主要集中在 $-0.05 \sim 0.05$, 尖峰现象严重, 模拟数据的价格波动存在聚集现象, 即一个大的波动率后紧跟着一个大的价格波动, 一个小的波动率后紧跟着一个小的价格波动, 表现了爆发性和聚集性, 说明了对数收益率变化存在非线性的特征. 对数收益率存在尖峰现象, 需要对数据进行 EMD 分解, 提取不同频率下的特征.

经 EMD 分解后的数据共得到 11 个由高频到低频的固有模态函数 (IMF) 和 1 个趋势项 (Trend), 结果如图 4-5 ~ 图 4-7 所示, 图 4-5 中给出了 $\mathrm{IMF}_1 \sim \mathrm{IMF}_4$, 图 4-6 中给出 $\mathrm{IMF}_5 \sim \mathrm{IMF}_8$, 图 4-7 给出了 $\mathrm{IMF}_9 \sim \mathrm{IMF}_{11}$ 以及趋势项走势.

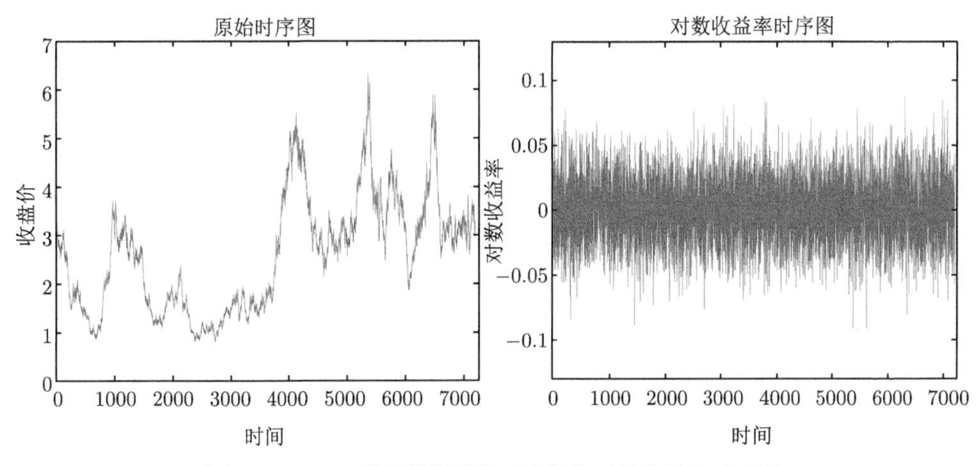

图 4-4 1min 模拟数据原始时序图和对数收益率时序图

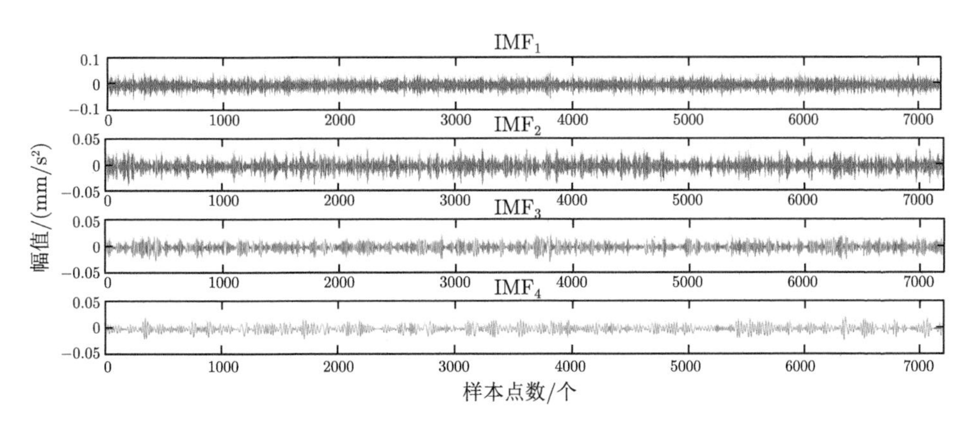

图 4-5 1min 模拟数据 EMD 分解后的 $IMF_1 \sim IMF_4$

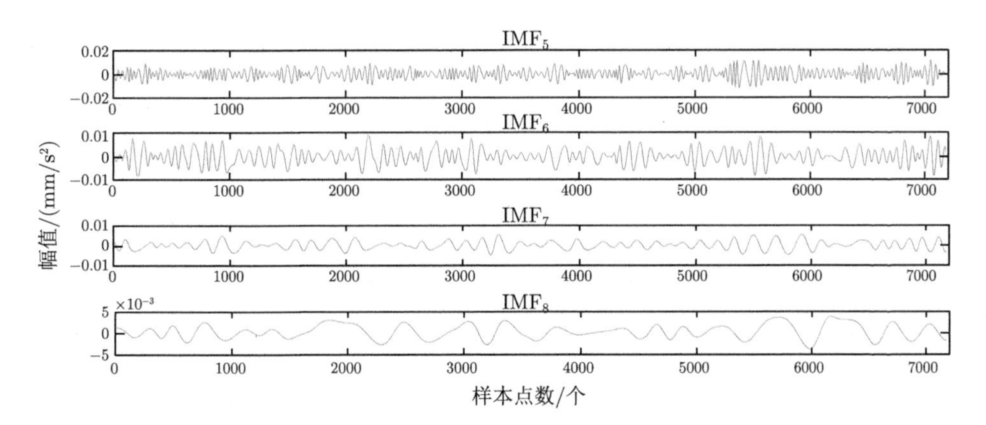

图 4-6 1min 模拟数据 EMD 分解后的 $IMF_5 \sim IMF_8$

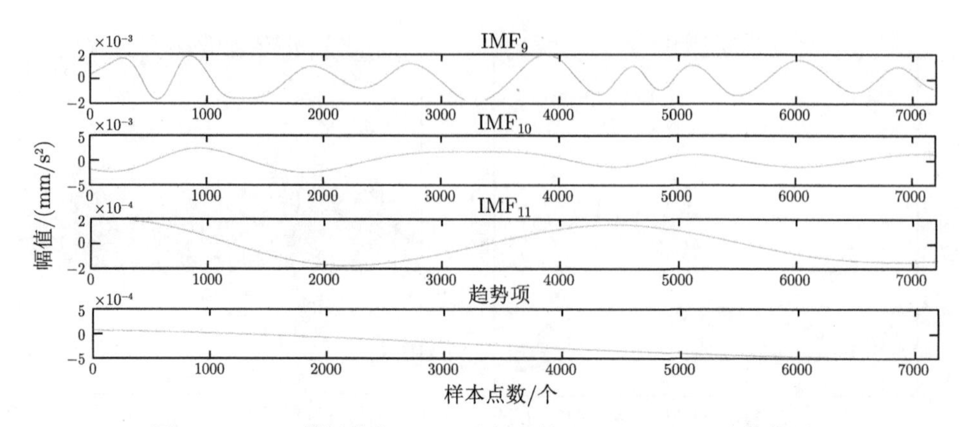

图 4-7　1min 模拟数据 EMD 分解后的 $IMF_9 \sim IMF_{11}$ 和趋势项

图 4-5 ~ 图 4-7 未出现模态混叠现象, 说明分解效果很好. IMF 排列由高频到低频, 最后的趋势项表现了序列在我们研究的时间段内的主要走向, 趋势是逐渐降低的. 此采样频率下分解得到的趋势项是单调递减的.

根据分解波动率公式 (4-17), 求出分解后的波动率, 并与根据 (4-18) 式求出的日内真实波动率进行对比, 如图 4-8 所示.

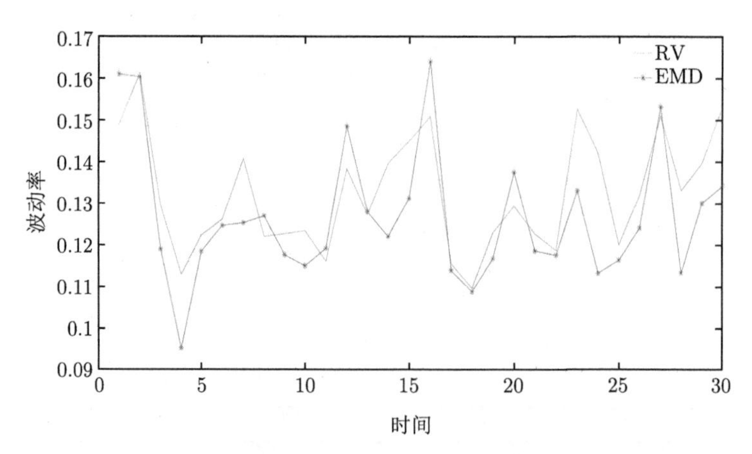

图 4-8　1min EMD 模拟数据波动率比较图 (扫描封底二维码见彩图)

图 4-8 为 1min 模拟数据的已实现波动率和经 EMD 分解后估计出来的波动率的比较图, 真实波动率最高达到 0.16, 最低值为 0.115, 波动范围基本维持在 0.12~0.14, 波动幅度较大. 经 EMD 分解后波动率的趋势与真实波动率的趋势基本一致, 可知 1min 模拟数据波动率的估计效果较好, 表明 EMD 用于高频数据的波动率估计是可行有效的.

EMD 分解后波动率的平均误差为 0.0667, 误差非常小, 说明经验模态分解估计波动率的效果非常好. 为了充分体现 EMD 算法的有效性, 对 1min 模拟数据的相对误差作直方图, 如图 4-9 所示, 经 EMD 分解计算所得的相对误差基本主要集中在 0% ~15% , 占总数的 93% 以上, 只有 3% 的相对误差超过了 20% . 更进一步地证明了 EMD 估计高频数据波动率的有效性和可靠性.

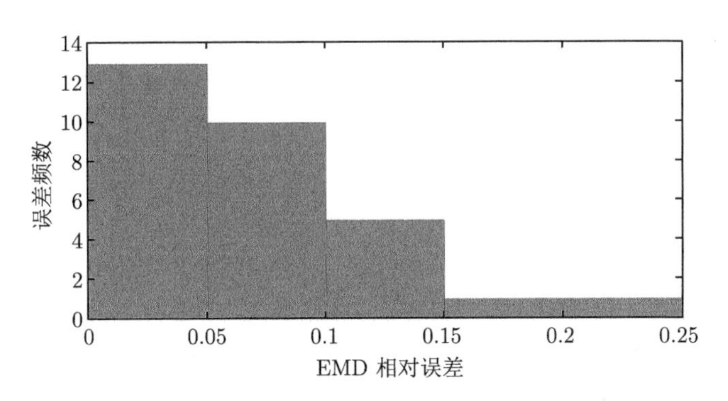

图 4-9　1min EMD 模拟数据相对误差直方图

综上所述, 通过 EMD 对 1min 的模拟数据估计波动率, 初步断定 EMD 方法估计波动率对于处理频率高的数据更加适用、有效, 此判断将在 4.6 节的波动率估计部分经过检验得到证实.

4.5 多尺度分析

本章采用的证券为沪深 300 指数, 日期选取为 2019 年 2 月 11 日到 2019 年 4 月 30 日, 分析变量为证券每天的收盘价格, 时间间隔为 1min, 共 56 个交易日, 总数据量共 13440 个. 数据下载于同花顺软件. 沪深 300 指数每个交易日共有 4 小时连续竞价时间, 且交易时间为上午 9:15 到中午 11:30, 下午 13:00 到 15:15, 最后交易日时间为上午 9:15 到中午 11:30, 下午 13:00 到 15:00, 所以除最后交易日外, 沪深 300 指数的开盘时间比股票市场提早 15min, 而收盘时间比股票市场晚 15min, 这一特性不仅有利于期货市场充分反映股票市场交易信息, 而且便于期货投资者利用股指期货管理市场风险.

金融数据的采样频率越高, 时间间隔越短, 所包含的噪声也越来越多, 所以我们需要对数据进行去噪. 为了剔除掉造成异常值的干扰噪声, 采用 3σ 准则, 当 r_t 取值在 $(\mu-3\sigma,\mu+3\sigma)$ 内时, 仍取 r_t 为对数收益率; 当 r_t 取值不在 $(\mu-3\sigma,\mu+3\sigma)$ 内时, 取原对数收益率的总体平均值作为新的对数收益率.

原始数据为每 1min 的高频数据, 对原始数据进行随机抽样, 分别按样本数据点间隔长度为 5, 15, 30 和 60 进行抽样, 得到时间尺度分别为 5min, 15min, 30min

和 60min 的高频数据, 继而进行波动率估计的对比分析.

为了深入分析研究样本, 分析不同采样频率下的收益率序列, 计算出不同时间间隔下的均值、标准差、最小值、最大值、偏度以及峰度, 分析其整体的状况、数据之间的差异程度及其分布, 我们对数据进行描述性统计分析, 分析结果如表 4-1 所示.

表 4-1　不同采样频率下对数收益率的统计量特征

时间间隔	均值	标准差	最小值	最大值	偏度	峰度
1min	0.00001	0.00083	−0.02941	0.01908	−1.43954	184.30890
5min	0.00007	0.00206	−0.02537	0.01890	−0.08624	15.70195
15min	0.00021	0.00356	−0.02114	0.02714	0.48545	7.69681
30min	0.00042	0.00482	−0.01752	0.02320	0.32712	2.65243
60min	0.00082	0.00676	−0.01686	0.02948	0.57956	1.76538

由表 4-1 可知:

(1) 由收益率公式可知, 两个相邻时间点之间的时间变长, 收益率跟着变大, 所以随着时间频率由高到低, 样本均值和标准差逐渐增大, 因为时间间隔的增大, 收益率也会增大, 这与离散取值的价格有关.

(2) 偏度值随着时间频率的变化而变化, 即采样频率越高, 其偏度值也会随之增大.

(3) 峰度值随着时间频率的增大而逐渐减小. 峰度值在 1min、5min 和 15min 时大于标准峰值 3, 说明这些采样频率下收盘价格的对数收益率存在重尾、尖峰现象, 说明高频数据中偏离均值的异常情况比较突出, 为了能更好地进行波动率的估计, 要对收盘价格的对数收益率进行经验模态分解.

(4) 在时间间隔为 1min 和 5min 时, 偏度系数是小于 0 的, 这说明其重尾向左偏; 在时间间隔为 15min、30min 和 60min 时, 偏度是大于 0 的, 这说明其重尾向右偏.

利用 EMD 估计波动率, 首先对对数收益率进行经验模态分解 (EMD), 分解后得到若干个 IMF 分量, 选择高频的 IMF 分量进行波动率的估计. 波动率估计采用的具体流程如图 4-10 所示.

图 4-11 列出了沪深 300 指数收盘价及去噪后的对数收益率时序图, 从原始时序图可以直观看到, 所选取时间段内的沪深 300 指数收盘价数据整体呈递增趋势, 是非平稳的时间序列, 沪深 300 指数 1min 的数据波动非常剧烈. 而去噪后的对数收益率时序图的整体波动范围在 $-0.0025\sim0.0025$, 沪深 300 指数 1min 数据的对数收益率存在周期性, 并且存在波动率聚集现象, 高波动率和低波动率各自聚集在某一时间段, 某段周期波动猛烈, 某段周期波动平缓. 这表明对数收益率的变化具有非线性的特征. 在对股票市场波动率的研究中, 沪深 300 指数交易活动活

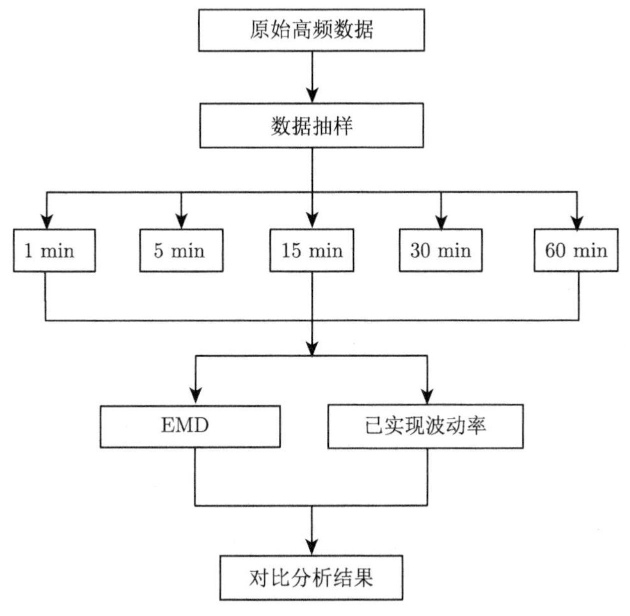

图 4-10 EMD 波动率估计流程图

跃且分股代表性好, 可以反映金融市场中投资收益情况, 对投资者建立投资决策起着至关重要的作用.

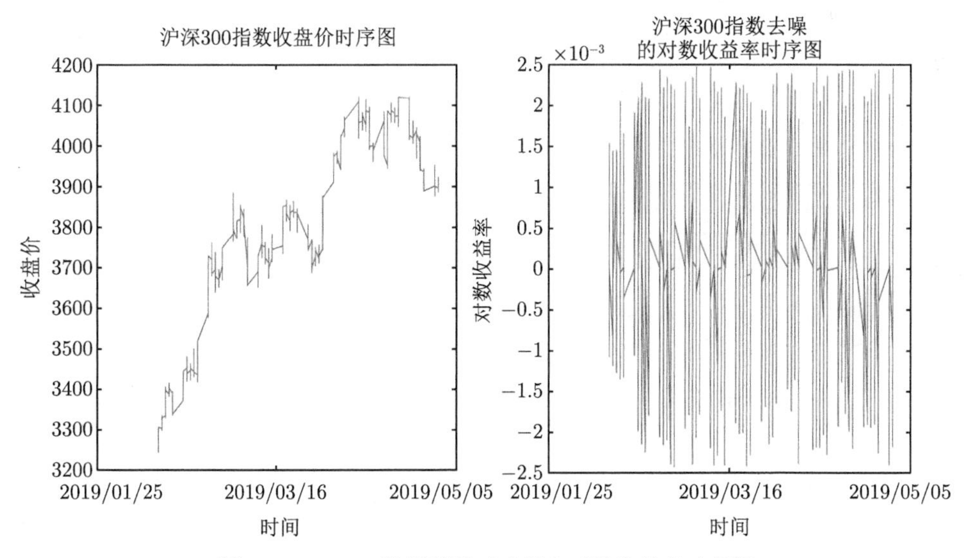

图 4-11 1min 数据原始时序图和对数收益率时序图

对数收益率存在尖峰现象, 为了提取不同频率下的数据特征, 对沪深 300 指数 1min 数据进行 EMD 分解.

对去噪后的对数收益率利用 EMD 算法进行分解, 图 4-12 ~ 图 4-14 中 EMD 分解后得到 13 个 IMF 和 1 个趋势项. 图 4-12 中给出了 IMF_1~IMF_5, 图 4-13 中给出了 IMF_6~IMF_{10}, 图 4-14 给出了 IMF_{11}~IMF_{13} 以及趋势项的走势. 从图 4-12 ~ 图 4-14 可以看出, IMF 未出现模态混叠现象, 说明分解效果很好. IMF 都是从高频到低频排列, 最后一个趋势项显示了所研究时间段内的主要走向, 趋势是逐渐降低的.

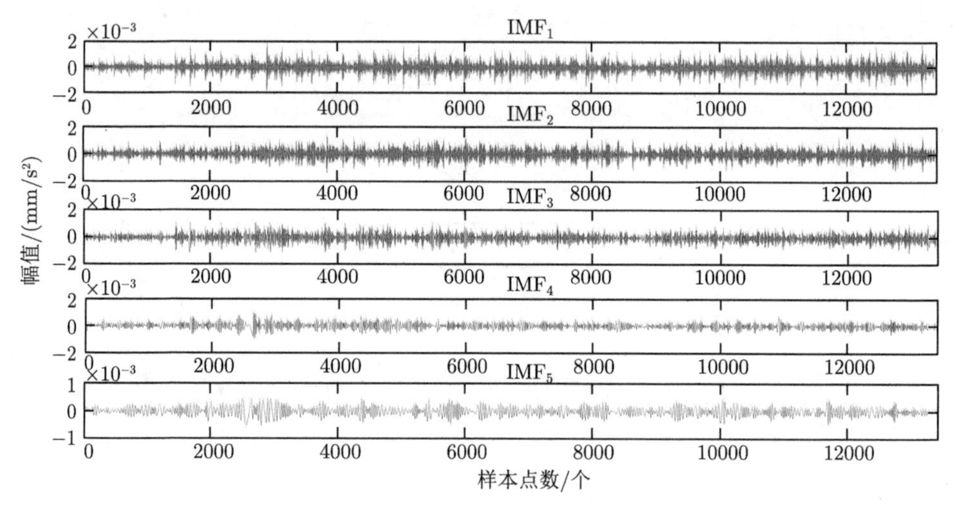

图 4-12　1min 沪深 300 指数 EMD 分解后的 IMF_1~IMF_5

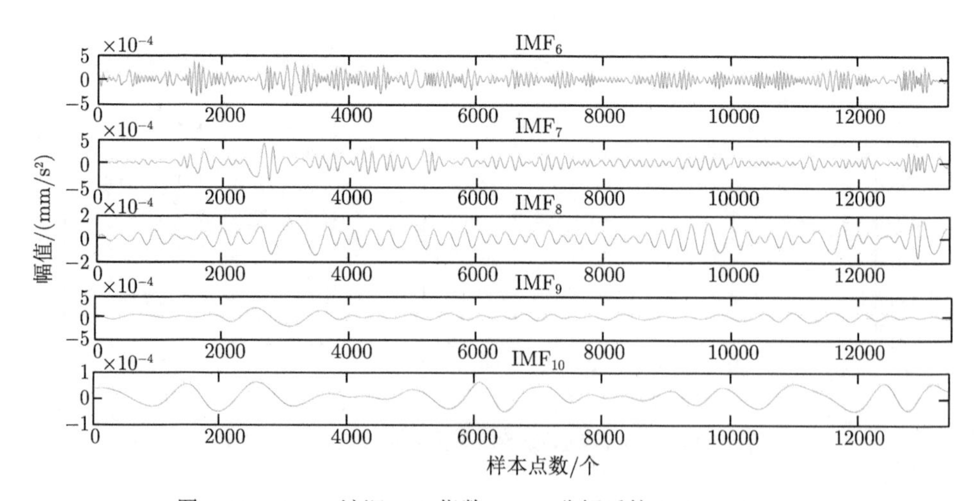

图 4-13　1min 沪深 300 指数 EMD 分解后的 IMF_6~IMF_{10}

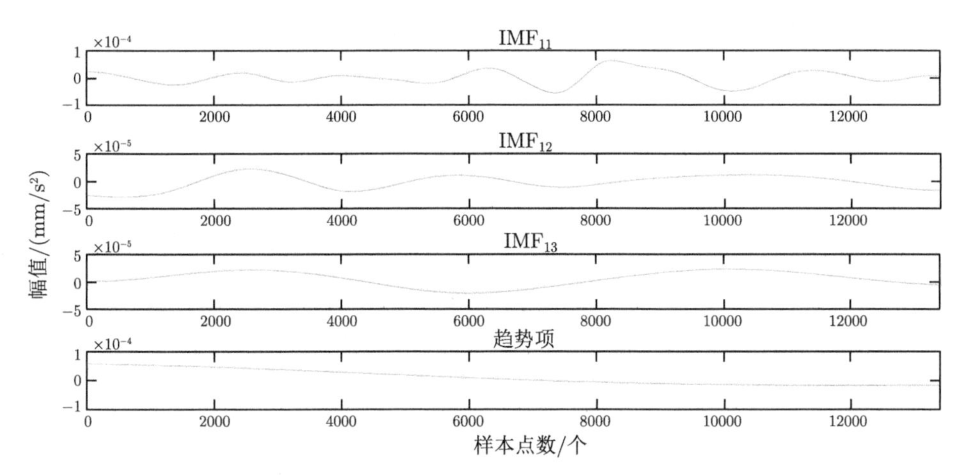

图 4-14 1min 沪深 300 指数 EMD 分解后的 IMF$_{11}$~IMF$_{13}$ 和趋势项

4.5.1 各分量描述性统计分析

为了对 EMD 作用后的沪深 300 指数收益率序列有更直观的认识, 需要对每个固有模态函数分量进行描述性统计分析, 从均值、标准差、极差、偏度等方面对数据进行初步分析 (具体结果见表 4-2).

表 4-2 EMD 各分量描述性统计

变量名	均值	标准差	极差	偏度	峰度	J-B 统计量	P 值
IMF$_1$	−4.32e−07	0.0004	0.0039	−0.0056	0.9353	490.5386	< 2.2e−16
IMF$_2$	4.71e−07	0.0003	0.0029	0.0062	0.3243	59.1605	1.424e−13
IMF$_3$	−2.74e−06	0.0003	0.0026	−0.0218	0.5756	186.9517	< 2.2e−16
IMF$_4$	2.04e−07	0.0002	0.0021	−0.0133	0.5679	181.3383	< 2.2e−16
IMF$_5$	−4.70e−07	0.0001	0.0011	−0.0532	0.5253	161.1791	< 2.2e−16
IMF$_6$	−1.30e−06	0.0001	0.0007	−0.0092	0.2499	35.2902	2.172e−08
IMF$_7$	−1.66e−06	9.28e−05	0.0008	−0.0581	1.9563	2152.1568	< 2.2e−16
IMF$_8$	1.04e−06	5.98e−05	0.0004	0.2166	0.4831	236.1280	< 2.2e−16
IMF$_9$	−1.85e−06	6.32e−05	0.0004	−0.2824	2.1454	2757.9835	< 2.2e−16
IMF$_{10}$	1.49e−06	2.90e−05	0.0001	−0.0842	−0.8774	446.6129	< 2.2e−16
IMF$_{11}$	1.44e−06	2.49e−05	0.0001	0.0326	0.0133	2.4934	0.2875
IMF$_{12}$	−4.43e−07	1.27e−05	5.00e−05	−0.3502	−0.7187	563.7807	< 2.2e−16
IMF$_{13}$	4.68e−06	1.34e−05	4.35e−05	−0.4754	−0.9396	1000.4412	< 2.2e−16
趋势项	9.36e−06	2.60e−05	7.52e−05	0.4608	−1.2937	1412.6783	< 2.2e−16

运用 EMD 方法处理原收益率序列后, 得到包括 13 个 IMF 和 1 个趋势项在内的 14 个分量序列. 从图 4-12 到图 4-14 中可以看到这 14 个分量按高频到低频

的顺序排列下来，每个分量包含有不一样多的信息. 表 4-2 则是经过 EMD 处理后各个分量的描述性统计分析结果. 其中 IMF_2, IMF_8, IMF_{11} 和趋势项的偏度均是大于 0 的，说明它们是重尾且右偏的；其余分量的偏度是小于零的，说明这些序列重尾左偏. 再从峰度系数和 J-B 值入手，它们都是可以检验数据是否存在尖峰现象的指标. 当显著性水平 $\alpha = 0.05$，此时相应的临界值通过查表可知为 5.99，结合表 4-2 中的数值可知除了 IMF_{11} 的其余序列的 J-B 值都远远大于 5.99，因此这些序列都存在严重的尖峰现象. 同时，这也说明这些固有模态函数分量均不服从正态分布. 随后会进行各分量分布特征的详细说明.

4.5.2　正态性分析

为了确定沪深 300 指数收益率数据在各个不同频率的分布形态，对 IMF 进行正态性分析是非常有意义的. 接下来，通过绘制 Quantiles-Quantiles(Q-Q) 图对实证数据进行拟合. 从理论上来说，数据的分布拟合最终形态大体可以看作一条直线，倘若发现某一点不在此直线上，我们则可以认为这一点偏离了该规定. 图 4-15 是用正态分布绘制的 EMD 分解后 IMF_1~IMF_4 的 Q-Q 图.

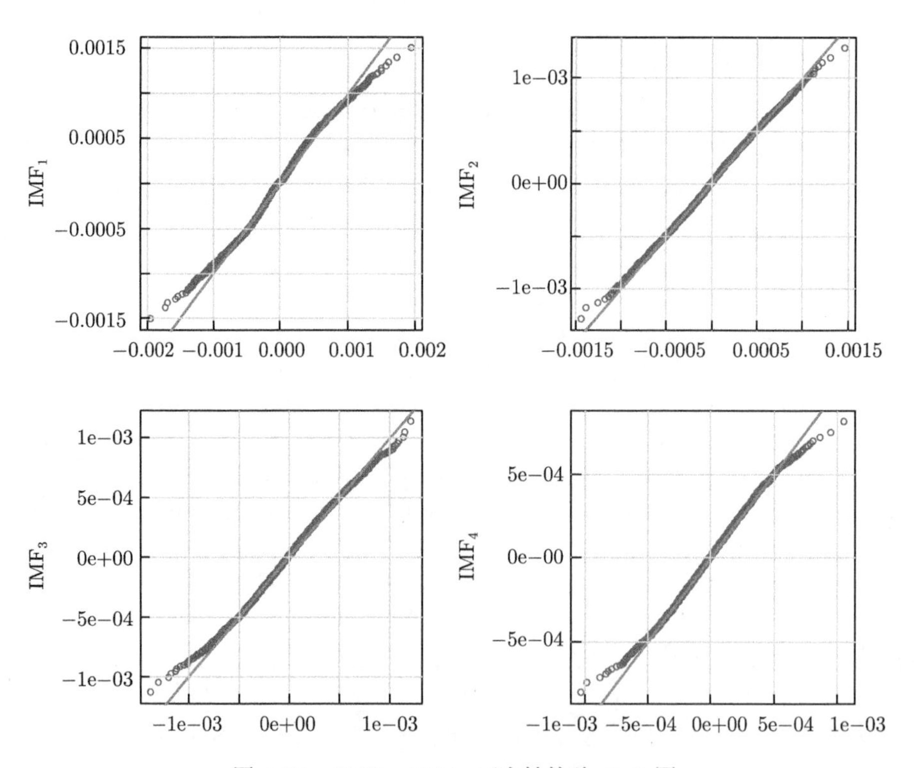

图 4-15　IMF_1~IMF_4 正态性检验 Q-Q 图

上图为 EMD 分解后 IMF_1~IMF_4 进行正态性检验所绘制的 Q-Q 图. 明显可以看到每个序列都没有很好地拟合到一条直线上, 说明这些数据均不服从正态分布, 这与 4.5.1 小节中描述性统计分析的 J-B 检验的结论一致.

4.5.3 周期性分析

在对沪深 300 指数日收盘价的对数收益率序列用 EMD 处理后, 本节对各分量的周期性作了进一步的研究. 第一步, 需要计算 EMD 处理后各阶 IMF 的极值点 (极大值点和极小值点) 个数, 记为 N_1; 第二步, 运用平均周期法来计算各阶 IMF 的周期性, 其中平均周期法的定义为 $T = N/N_1$, N 为总体数据个数; 第三步, 运用公式计算并分析该序列的变化规律[176]. 平均周期的计算需要通过 MATLAB 软件实现, 同时本节中 N 的值为 13439. 其所得结果见 4-3.

表 4-3 EMD 分解后各 IMF 周期及方差占比

变量名	极大值个数	极小值个数	T	方差占比
IMF_1	4409	4409	3.0481	34.47%
IMF_2	2329	2328	5.7703	25.13%
IMF_3	1299	1299	10.3457	19.64%
IMF_4	654	652	20.5489	9.98%
IMF_5	348	346	38.6178	4.69%
IMF_6	215	207	62.5070	2.17%
IMF_7	170	178	79.0529	1.81%
IMF_8	298	298	45.0973	0.75%
IMF_9	689	693	19.5051	0.84%
IMF_{10}	1935	1935	6.9452	0.18%
IMF_{11}	4841	4841	2.7761	0.13%
IMF_{12}	6392	6392	2.1025	0.03%
IMF_{13}	7617	7616	1.7643	0.04%
趋势项	10815	10816	1.2426	0.14%

从表 4-3 可看出经过 EMD 方法处理后的沪深 300 指数日收盘价对数收益率各分量的周期性变化并不相同. 其中, IMF_{11}, IMF_{12}, IMF_{13} 和趋势项的周期分别为: 2.7761, 2.1025, 1.7643, 1.2426, 基本为 1 天; IMF_1, IMF_2, IMF_3 和 IMF_{10} 的周期分别为 3.0481, 5.7703, 10.3457, 6.9452, 基本为一周以内; IMF_4, IMF_5 和 IMF_9 周期分别为 20.5489, 38.6178, 19.5051, 大约为一个月; 而 IMF_6 和 IMF_8 的周期则接近于两个月; IMF_7 的周期为 79.0529, 大约为一个季度. 因此, 可以认为沪深 300 指数对数收益率明显是按日、周、月和季度为周期变化.

分解后 IMF 的方差占比是判断其蕴含信息程度的关键指标[177]. 沪深 300 指数的 IMF_1, IMF_2 和 IMF_3 方差占比较大, 说明这三个序列为股票收益序列波动的主要来源, 反映了沪深 300 指数高频数据的短期特征; 次之的是 IMF_4 和 IMF_5 方差占比较大, 反映了沪深 300 指数高频数据的中期特征; IMF_6 后的方差占比相对较小. 结合这些序列的方差占比、周期和内在特征, 本节将其加总后重构, 最后得到代表高频项的 $IMF_1 \sim IMF_3$, 代表中频项的 IMF_4 和 IMF_5 以及代表低频项的 $IMF_6 \sim R$, 对重构后的序列周期进行了研究, 计算方式与上述一致 (表 4-4).

表 4-4　EMD 分解重构后各序列周期

变量名	极大值个数	极小值个数	T
高频	3914	3914	3.5876
中频	634	634	21.1972
低频	190	188	70.7315

注: $IMF_6 \sim R$ 表示 IMF_6 至 IMF_{13} 及趋势项相加得到的重构项.

从重构后的序列周期来看, 高频的平均周期为 3.5876, 大约为一周; 中频的平均周期为 21.1972, 大约为一个月; 低频的平均周期为 70.7315, 大约为一个季度. 因此, 可以认为重构后的沪深 300 指数对数收益率是按周、月和季度为周期进行变化的.

4.6　波动率估计

对分解后的固有模态函数运用公式 (4-17) 求解出分解后的部分高频固有模态函数的瞬时波动率, 进而得出 1min 采样频率下的高频数据波动率.

求 1min 采样频率下的对数收益率序列的已实现波动率, 运用公式 (4-16) 对对数收益率平方求和, 最终得到每 1min 采样频率下的已实现波动率.

将上述通过整体经验模态分解后得到的波动率估计和已实现波动率进行对比分析, 并计算它们之间的相对误差, 对比的时序图如图 4-16 所示.

从图 4-16 可以看出, 波动范围基本维持在 0.00002～0.00016, 总体波动性较大. 对于波动幅度较为平缓的部分, EMD 算法估计效果很好. 但对于波动幅度较大的部分, EMD 计算所得的波动率曲线与真实波动率曲线误差较大. 但 EMD 分解计算所得的波动率曲线与真实波动率曲线趋势基本是一致的, 可知沪深 300 指数 1min 数据波动率的估计效果较好.

除此之外, 本章还进行采样频率分别为 5min, 15min, 30min 和 60min 的高频数据, 经过 EMD 分解后分别得到了 10 个, 8 个, 7 个和 6 个由高频到低频的固有模态函数和 1 个趋势项, 分别取 3, 3, 2, 2 个, 进而估计出每 5min、每 15min、每 30min 和每 60min 采样频率下的高频数据的波动率. 再分别求得不同采样频率下

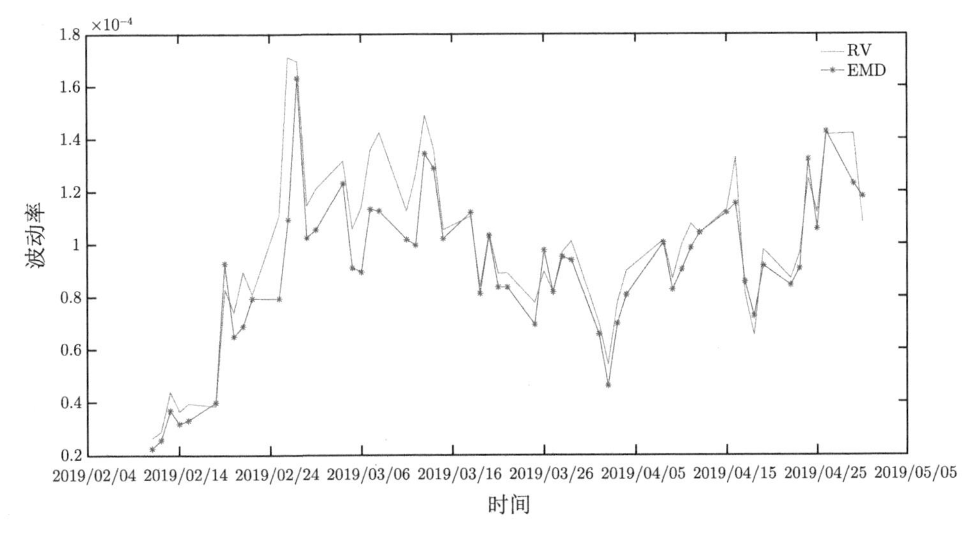

图 4-16 沪深 300 指数 1min 数据波动率比较图 (扫描封底二维码见彩图)

的已实现波动率, 计算求出 EMD 估计的波动率和已实现波动率之间的相对误差 (按照上述步骤重复进行计算). 最后进行对比分析, 相对误差图如图 4-17 所示.

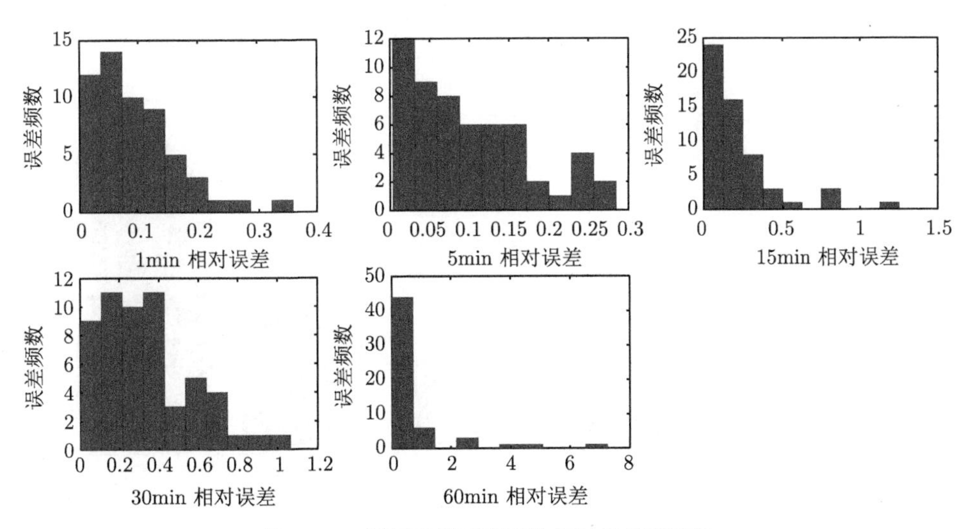

图 4-17 不同采样频率下的相对误差对比图

从图 4-17 所示, 对比不同采样频率下的相对误差图可知, 随着采样频率降低, 时间间隔增大, 相对误差集中的取值范围明显右移, 相对误差逐渐减小. 1min 相对误差的直方图集中在 [0,0.20], 5min 相对误差的直方图集中在 [0,0.25], 而

15min, 30min 和 60min 则分别集中在 [0,0.5], [0,1], [0,1.5] 内, 相对误差的取值范围逐渐右移增大, 这说明相对误差随着采样频率的降低而增大. 更进一步地说明了通过 EMD 估计出的波动率相对于采样频率充分高的数据非常有效.

本节还计算了采样频率为 1min, 5min, 15min, 30min, 60min 的平均相对误差, 如表 4-5 所示.

表 4-5 EMD 波动率估计的误差分析

序号	时间间隔	平均相对误差
1	1min	0.0958
2	5min	0.0996
3	15min	0.2221
4	30min	0.3420
5	60min	0.7901

由表可知, 每 1min 的平均相对误差为 0.0958, 远低于每 60min 的平均相对误差 0.7901, 且每 1min 和每 5min 的平均相对误差都小于 0.1, 说明经验模态分解更适合采样频率充分高的数据. 且采样频率越高即数据越高频, 相对误差越小, 所以充分地证明了经验模态分解对于采样频率充分高的数据来说更适用也更有效.

为了更清楚地分析平均相对误差整体的趋势, 下面给出不同采样频率下的平均相对误差直方图, 横轴表示采样频率, 纵轴代表平均相对误差, 如图 4-18 所示.

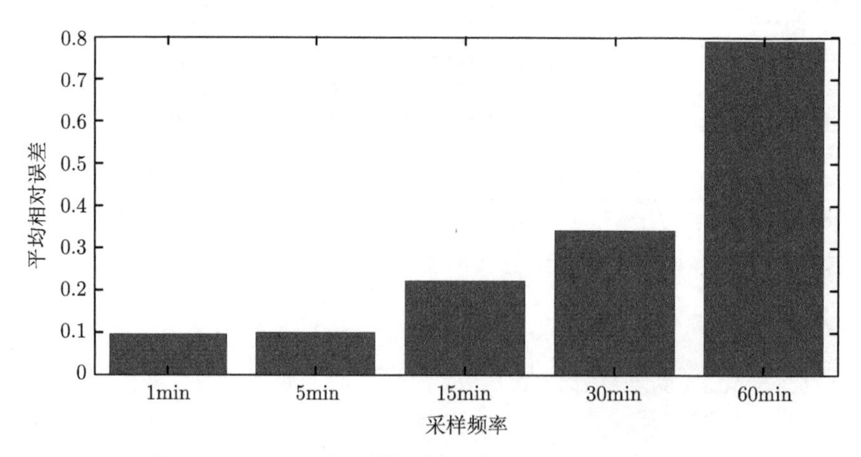

图 4-18 EMD 不同采样频率下的平均相对误差直方图

从图 4-18 可以看出, 随着采样频率的增高, 平均相对误差越来越小. 说明通过 EMD 估计出的波动率对于采样频率高的数据更有效.

综上所述, 实证分析结果与模拟结果相一致, 更进一步地证明了 EMD 方法的有效性和可行性, 即 EMD 方法对较高频率的数据估计波动率的精确度高.

4.7 本章小结

在金融经济研究领域, 高频金融波动率的估计一直扮演着重要的角色, 波动率的准确估计对金融市场的稳定具有重要的意义. 本章使用 2019 年 2 月 11 日到 2019 年 4 月 30 日沪深 300 指数的 1min 高频数据为研究对象, 提出了利用 EMD 实现高频数据波动率的估计, 并证实了 EMD 算法对估计高频波动率是有效的.

4.2 节对经验模态分解的基本理论进行了回顾和总结. 首先介绍了经验模态分解中的一些基本概念的定义, 然后对经验模态分解的算法步骤进行了详细的介绍, 最后介绍了希尔伯特谱分析和经验模态分解的特性.

本章剩余章节首先利用 EMD 算法对模拟的 1min 高频数据进行波动率的估计, 证实了 EMD 算法的可行性与有效性; 随后选取采样频率为 1min, 5min, 15min, 30min, 60min 的沪深 300 指数的高频数据为研究对象, 利用 EMD 算法对这些高频数据进行分解, 对分解后的 1min 高频数据进行多尺度分析, 发现分解后的高频数据是按照日、周、月、季度周期变化的, 重构后的序列周期是按照周、月、季度变化的, 然后计算出分解后的波动率. 通过时序图、误差频数图以及平均相对误差图与已实现波动率进行了对比. 实证研究发现, 随着采样频率的增高, 平均相对误差越来越小, 说明通过 EMD 估计出的波动率对于采样频率高的数据更有效.

第 5 章　基于整体经验模态分解的高频数据波动率估计

5.1　引　　言

第 4 章主要分析研究了经验模态分解 (Empirical Mode Decomposition, EMD) 方法对高频波动率的估计. 本章将利用整体经验模态分解 (Ensemble Empirical Mode Decomposition, EEMD) 方法对高频波动率进行估计. EEMD 是由 Wu 等[178] 在 2009 年提出的 EMD 的改进方法. EMD 实际上存在不足, 当原始信号中存在噪声、冲击脉冲时, 极值点的分布将会不均匀, 导致上下包络线中会存在异常线段, 从而也会影响 IMF 分量不连续, 不再满足 IMF 分量的两个条件. 进而导致 EMD 分解发生模态混叠问题. 本章利用改进的 EMD 算法——EEMD 算法对高频波动率进行估计. 并在实证部分与已实现波动率进行了对比研究, 验证本方法的有效性和可行性.

本章后面内容的结构安排如下: 5.2 节对本章所应用的整体经验模态分解的基本理论进行了详细的介绍; 5.3 节利用 1min 高频模拟数据验证整体经验模态分解在高频估计中的可行性和有效性; 5.4 节对利用整体经验模态分解后的沪深 300 指数进行多尺度分析; 5.5 节将整体经验模态分解应用在计算高频数据波动率方面; 5.6 节对本章进行总结.

5.2　整体经验模态分解基本理论

5.2.1　经验模态分解的模态混叠

如第 4 章所述, EMD 的作用像一个二进滤波器组, 它能够将白噪声分解为具有不同中心频率的一系列 IMF 分量, 而中心频率严格保持为前一个的 1/2. 但这种认定是基于以下假设所得出的结论, 即分析的数据由白噪声组成, 且白噪声的尺度均匀分布在整个事件或频率尺度上. 当数据不是纯的白噪声时, 分解中一些时间尺度会丢失, 这时就会造成分解的混乱, 即模态混叠. 即在一个 IMF 中出现不同的特征时间尺度 (特征时间尺度为相邻两个极值点间的时间间隔), 或者在不同的 IMF 中分布着同一特征时间尺度, 表现为相邻两个 IMF 的时域波形类似, 无法辨别. 想判断 EMD 筛选出的 IMF 是否适宜, 这决定于待分解信号的分布与其极值点的存在与否, 若不具有极值点, 则筛选终止, 若极值点分布的概率不是相同的, 则拟合时会出现偏差, 使得最终的筛选结果不理想.

从图 5-1 可以看出, s_1 是一个包含 2000Hz 的低频正弦信号, s_2 是一个包含 5000Hz 的低频正弦信号, s_3 是一个包含 8000Hz 的高频信号, 并伴有信号间断现象, 现用 EMD 方法对 s_1, s_2 和 s_3 的混合信号进行分解, 其分解结果如图 5-2 所示. 分解后共得到三个 IMF.

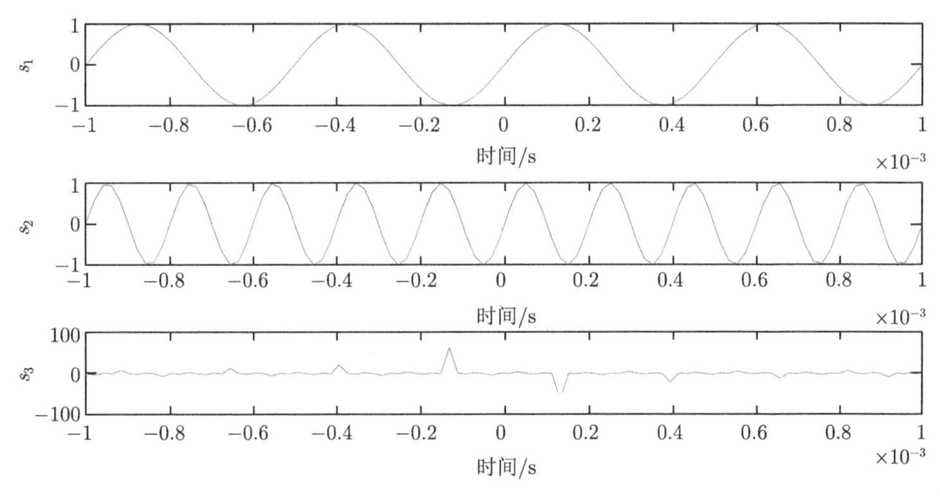

图 5-1 待分解信号

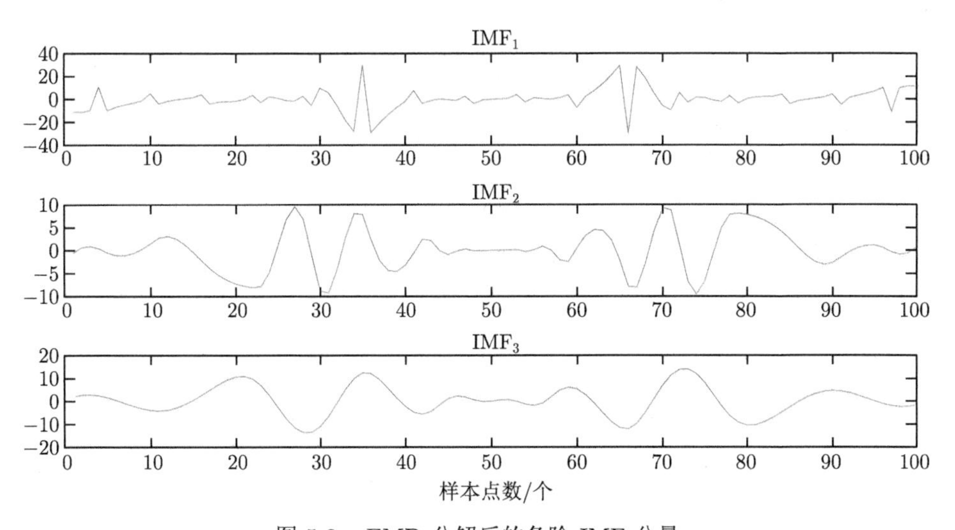

图 5-2 EMD 分解后的各阶 IMF 分量

从图 5-2 可以看出, IMF_1 同时包含了不属于同一频率段内的两个频率, 此时,

EMD 尺度发生混乱, 这就是模态混叠现象. 模态混叠的成因, 从信号的角度看, 似乎是由于信号的间断所引起的, 但其实质是由 EMD 中时间尺度丢失所造成的. 模态混叠现象的出现, 使得各阶 IMF 分量失去分解的物理意义.

5.2.2 经验模态分解的端点问题

端点效应是 HHT 必须解决的问题之一. 即在应用经验模态分解的过程中, 因信号两端点不一定是极值点, 导致构成上、下包络的三次样条曲线在数据序列的两端出现发散现象, 并且这种发散的结果会逐渐内向 "污染" 数据而使得所得结果严重失真. 目前国内外许多学者在这方面做了许多深入的研究, 提出了多种处理方法, 但仍然没有彻底解决这个问题. 如加极值点法在处理数据序列的端点问题时, 关键在于端点处特征信息的提取和利用, 使得所加极值点尽量符合原数据的端点信息. 如果处理不恰当, 虽能抑制端点漂移, 但不能抑制端点误差向内传播, 甚至会引入虚假的模态分量. "掐头去尾" 法是针对一个较长数据序列, 根据极值点的情况不断抛弃两端的数据来保证多得到的包络失真度达到最小. 但是在 EMD 方法的筛选过程中, 每次抛弃的数据累计很快, 用不了几次删选, 数据就变得很短了. 对于短数据序列, "掐头去尾" 法更是无法应用[179-184]. 现有的解决端点问题的方法有:

(1) 端点镜像法: 以信号两端的边界为对称, 把信号向外映射, 得到原信号的镜像形成一个闭合的曲线, 这样通过三次样条曲线得到两条完整的包络线. 长期经验表明镜像法在 EMD 算法处理振动信号中, 能够很好地保留端点处的信号特征.

(2) 极值延拓法: 基于信号波形端点特性, 在端点处向外延拓两个极大值和极小值. 常用的有 Volterra 模型对端点进行延拓[185,186]; 利用最大 Lyapunov 指数预测对端点进行延拓[187]; 基于支持向量机回归预测对端点进行延拓[188,189] 等方法.

(3) 多项式拟合法: 利用端点处的三个极值点进行多项式拟合计算出端点处向外延拓的极值点. 但多项式拟合对于随机振动信号处理效果极差.

(4) 平行延拓法: 利用端点附近的两个相邻极值点处斜率相等的特点, 认为定义端点处有两个极值点.

5.2.3 整体经验模态分解的原理

为了减少 EMD 模态混叠的现象, 提高 EMD 的分解效率, Wu 和 Huang 等将噪声辅助信号处理应用到 EMD 方法中, 提出了 EEMD 算法. EEMD 使信号极值点特别的性质发生了变化, 其算法的实质[4] 是对待分解信号反复利用 EMD 方法, 将高斯白噪声加入每一步分解中, 因为原始信号在每个阶段的分布特性都不同, 而高斯白噪声在每个阶段都相同, 故而原始信号能够更好地分布到适合的参考阶段, 保证了每个固有模态函数时域的连续性, 避免了受到 EMD 模态混叠的影响, 使 EMD 的效率提升. 并且重复操作的次数越多, 最终产生的结果就更精准. 当重复操作的次数充分多时, 在这种情况下白噪声对信号的影响可不考虑. 使用这种具体方法, 能够明确分离出各个时间尺度. 研究表明, EMD 应用于白噪声形成了一个有效的、自适应的动态二进滤波器组, 这有利于数据的分解.

使用 EEMD 的目的是使白噪声相互抵消, IMF 的均值保持在正常的动态滤波器窗口范围内, 显著地抑制模态混叠现象并保持其动态特性. EEMD 利用了噪声的统计特性和 EMD 的尺度分离原则, 使 EMD 能够真正成为任意数据的二进滤波器组. 因此, EEMD 是对 EMD 方法的较大改进.

EEMD 分解步骤如下:

(1) 由于白噪声的频率具有均匀分布的特点, 在原始信号中添加相等长度不同幅度的白噪声信号:

$$y(t) = x(t) + n_i(t), \quad i = 1, 2, \cdots, N$$

其中 $x(t)$ 为原始信号, $n_i(t)$ 为高斯白噪声, 均值为 0, 幅值标准差为常数. 这样经过多次实验后, 噪声会互相抵消, 从而消除高斯白噪声开始时带来的影响, 幅值标准差通常取为 0.2.

(2) 对 $y(t)$ 进行 EMD 分解, 每次分解得到 K 个 IMF 分量和一个余项 $r_i(t)$:

$$y_i(t) = \sum_{j=1}^{K} c_{ij}(t) + r_i(t)$$

其中 $c_{ij}(t)$ 为第 i 次加入高斯白噪声后, 通过 EMD 分解得到的第 j 个 IMF.

(3) 重复上述步骤 (1) 和 (2) N 次 (Huang 等建议将分解次数定为 100 次).

(4) 利用不相关随机序列的统计均值为 0 的原理, 将上述分解得到的 IMF 求取总体平均值, 消除多次加入高斯白噪声对真实 IMF 的影响, 得到 EEMD 分解后的 IMF 及余项 $r(t)$ 为

$$c_j(t) = \frac{1}{N} \sum_{i=1}^{N} c_{ij}(t)$$

$$r(t) = \frac{1}{N} \sum_{i=1}^{N} r_i(t)$$

其中 $c_j(t)$ 为对原始信号进行 EEMD 分解后得到的第 j 个 IMF. 最终的分解结果得到 K 个 IMF 分量和一个平均余项 $r(t)$:

$$x(t)=\sum_{j=1}^{K}c_j(t)+r(t)$$

EEMD 分解采用的具体流程如图 5-3 所示.

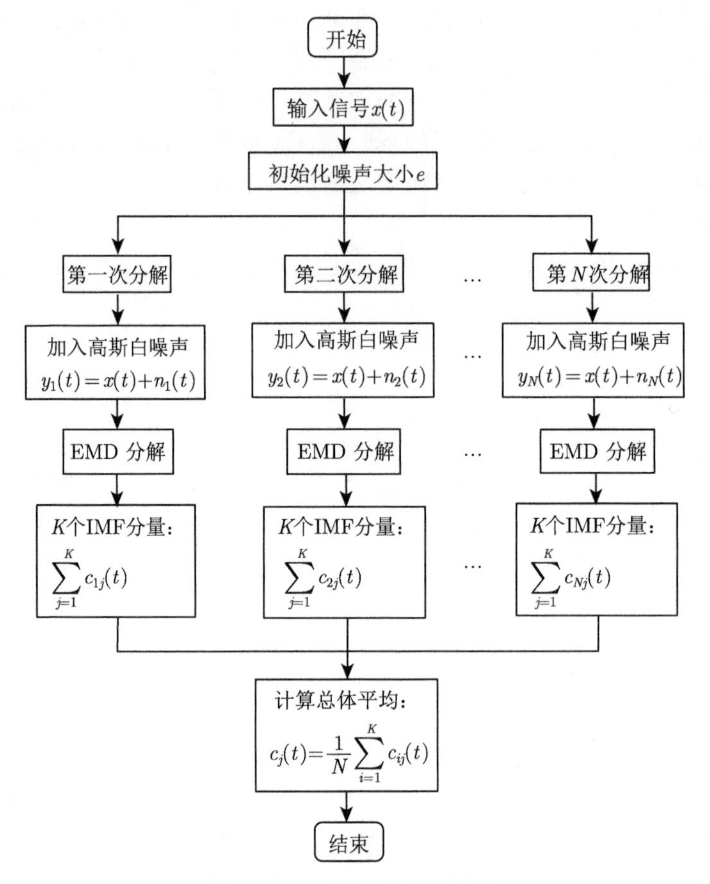

图 5-3 EEMD 方法流程图

在 EEMD 分解过程中, 白噪声的幅值和集合平均次数是两个非常重要的因素, 对分解结果起着决定性作用. 加入的高斯白噪声的大小会对 EEMD 模态混叠的效果产生影响, 为了确定加入白噪声的大小, 要根据 EEMD 的筛选特性, 并且要防止模态混叠的发生, 所以加入的高斯白噪声应该既不影响信号中有效高频成分的极值点间隔的分布特性, 又能改变信号中低频成分的极值点间隔的分布特性.

若加入的高斯白噪声幅值太小, 分解的 IMF 分量仍会出现模态混叠的现象, 若加入高斯白噪声幅值太大, 分解得到的 IMF 分量可能会受到白噪声的污染. 集合平均次数即加入的白噪声次数足够多时, 均值后取得的信号就会更加真实, 白噪声对 IMF 的影响可忽略不计, 分解得到的 IMF 分量的信号信息更加客观. 集合平均次数与白噪声的幅值存在正相关关系, 若要避免分解得到的 IMF 分量存在明显的模态混叠现象, 应该适当增大白噪声的幅值.

造成模态混叠现象的信号与噪声最先被筛选出来, 分解的阶数越多, 这些异常信号被筛选出来后, 有用信号成分就变得越多, 分解出的信号趋于平稳, 所以分解出来的 IMF 随着阶数增加, 频率由高频到低频.

5.3 模拟研究

对第 4 章随机模拟产生的 30 天以 1min 为时间间隔数据, 由图 4-4 的对数收益率变化存在非线性的特征, 并且对数收益率存在尖峰现象, 需要对数据进行 EEMD 分解, 提取不同频率下的特征.

经 EEMD 分解后的数据共得到 11 个由高频到低频的固有模态函数 (IMF) 和 1 个趋势项 (Trend), 结果如图 5-4 ~ 图 5-6 所示, 图 5-4 中给出了 $\mathrm{IMF}_1 \sim \mathrm{IMF}_4$, 图 5-5 中给出了 $\mathrm{IMF}_5 \sim \mathrm{IMF}_8$, 图 5-6 给出了 $\mathrm{IMF}_9 \sim \mathrm{IMF}_{11}$ 以及趋势项的走势.

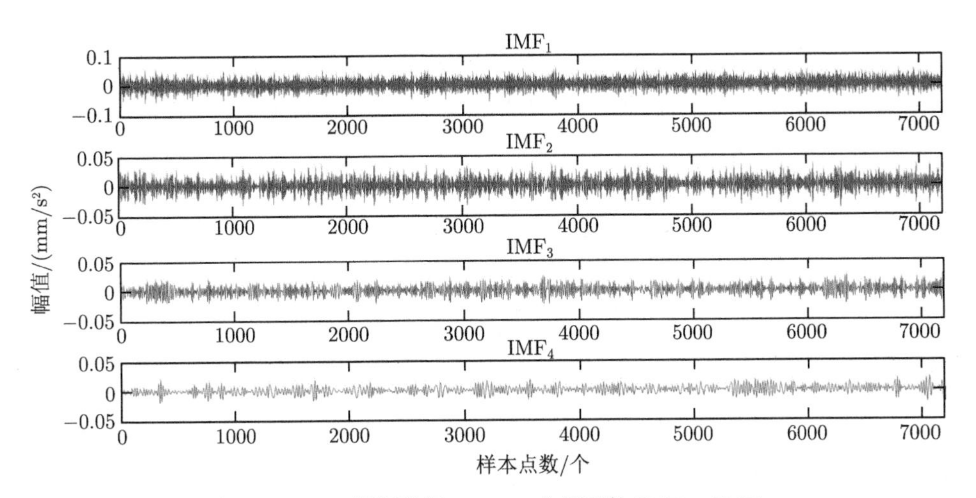

图 5-4 1min 模拟数据 EEMD 分解后的 $\mathrm{IMF}_1 \sim \mathrm{IMF}_4$

图 5-4 ~ 图 5-6 未出现模态混叠现象, 说明分解效果很好. IMF 排列由高频到低频, 最后的趋势项表现了序列在我们研究的时间段内的主要走向, 此采样频率下分解得到的趋势项是单调递增的.

根据分解波动率公式 (4-17), 求出分解后的波动率, 并与根据 (4-16) 式求出的日内真实波动率进行对比, 如图 5-7 所示.

如图 5-7 为 1min 模拟数据的已实现波动率和经 EEMD 分解后估计出来的

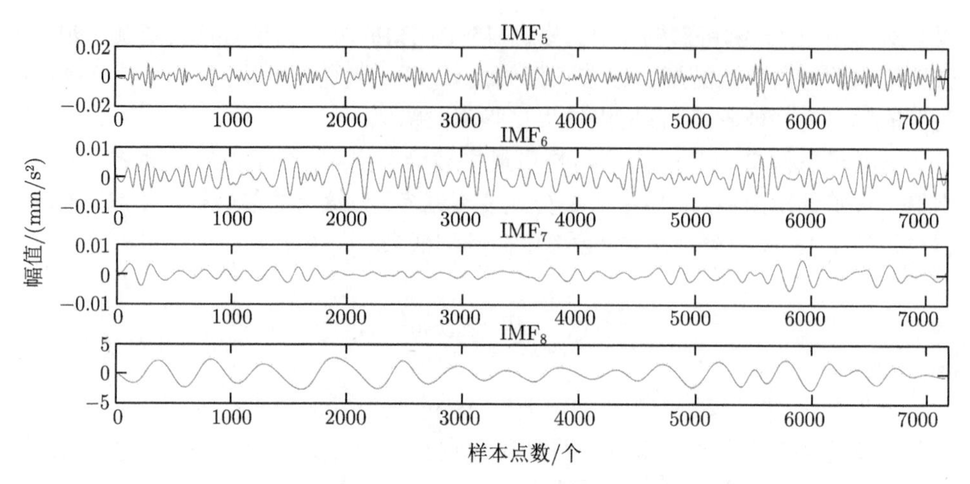

图 5-5　1min 模拟数据 EEMD 分解后的 IMF_5~IMF_8

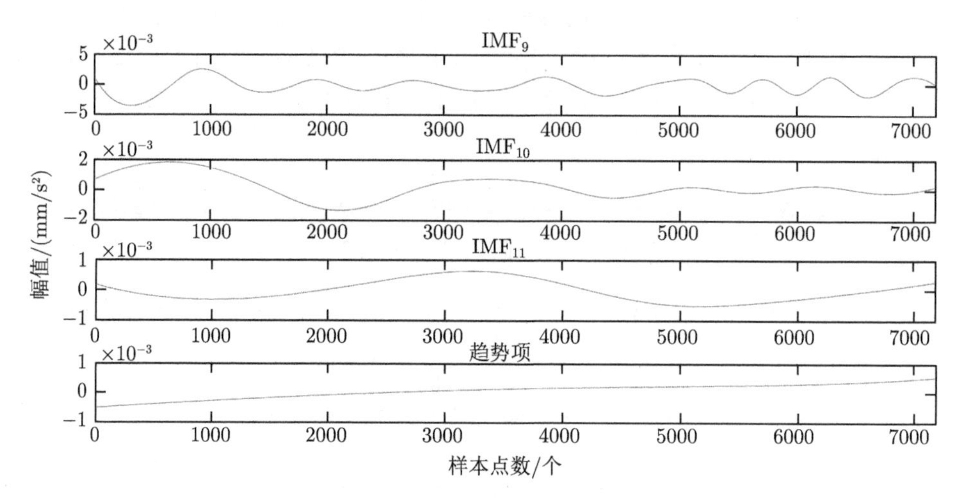

图 5-6　1min 模拟数据 EEMD 分解后的 IMF_9~IMF_{11} 及趋势项

波动率的比较图, 真实波动率最高达到 0.16, 最低值为 0.11, 波动范围基本维持在 0.11~0.14, 波动幅度较大. 经 EEMD 分解后波动率的趋势与真实波动率的趋势基本一致, 可知 1min 模拟数据波动率的估计效果较好, 表明 EEMD 用于高频数据的波动率估计是可行有效的.

EEMD 分解后波动率的平均误差为 0.0579, 误差非常小, 说明整体经验模态分解估计波动率的效果非常好. 为了充分体现 EMD 算法的有效性, 对 1min 模拟数据的相对误差作直方图, 如图 5-8 所示, 经 EEMD 分解计算所得的相对误差基本主要集中在 0%~10%, 占总数的 93% 以上, 相对误差都集中在 [0,0.2] 中, 更进一步地证明了 EEMD 估计高频数据波动率的有效性和可靠性.

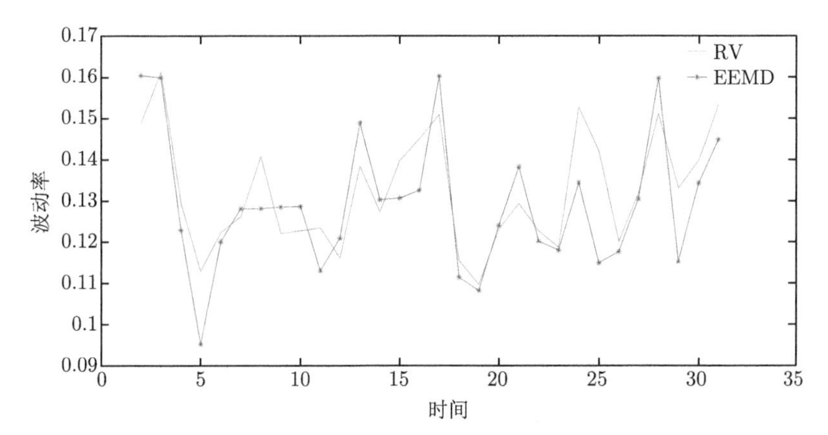

图 5-7 1min EEMD 模拟数据波动率比较图 (扫描封底二维码见彩图)

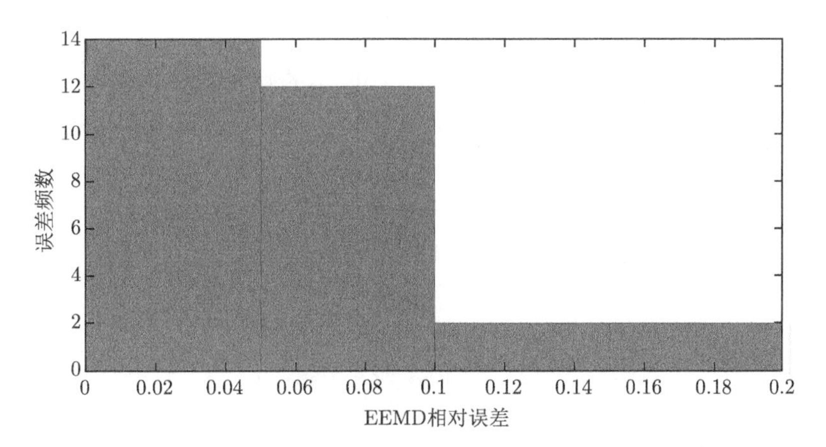

图 5-8 1min EEMD 模拟数据相对误差直方图

综上所述, 通过 EEMD 对 1min 的模拟数据估计波动率, 初步断定 EEMD 方法估计波动率对于处理频率高的数据更加适用、有效, 此判断将在 5.5 节的实证研究部分经过检验得到证实.

5.4 多尺度分析

本章采用的数据与第 4 章的数据是相同的, 即选用的为沪深 300 指数日期为 2019 年 2 月 11 日到 2019 年 4 月 30 日, 时间间隔为 1min 的高频数据. 利用 EEMD 估计波动率, 首先对对数收益率进行整体经验模态分解, 分解后得到若干个 IMF 分量, 选择高频的 IMF 分量进行波动率的估计. 波动率估计采用的具体流程如图 5-9 所示.

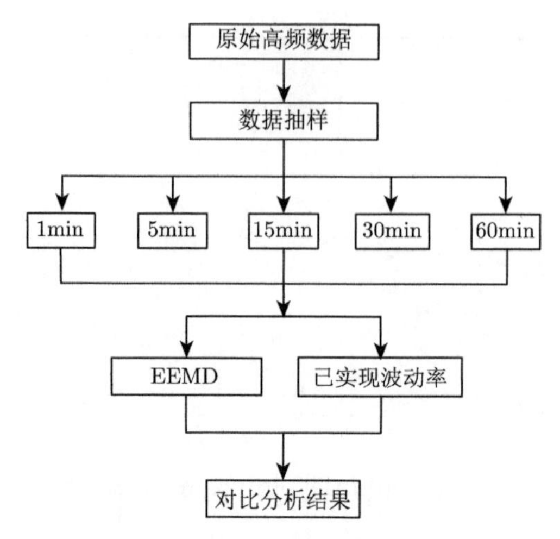

图 5-9　EEMD 波动率估计流程图

图 4-11 列出了沪深 300 指数收盘价及去噪后的对数收益率时序图, 其对数收益率的变化具有非线性的特征并且对数收益率存在尖峰现象, 为了提取不同频率下的数据特征, 对沪深 300 指数 1min 数据进行 EEMD 分解.

对去噪后的对数收益率利用 EEMD 算法进行分解, 图 5-10 ～ 图 5-12 中 EEMD 分解后共得到 12 个 IMF 和 1 个趋势项. 图 5-10 中给出了 IMF_1~IMF_4, 图 5-11 中给出了 IMF_5~IMF_8, 图 5-12 给出了 IMF_9~IMF_{12} 以及趋势项的走势. 从图 5-10 ～ 图 5-12 中可以看出, IMF 未出现模态混叠现象, 说明分解效果很好. IMF 都是从高频到低频排列, 最后一个趋势项显示了所研究时间段内的主要走向, 趋势是逐渐降低的.

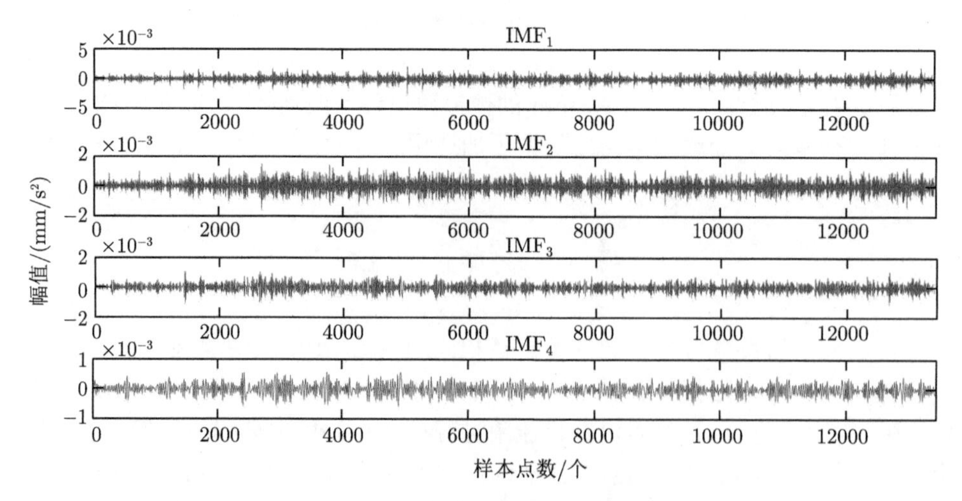

图 5-10　1min 沪深 300 指数 EEMD 分解后的 IMF_1~IMF_4

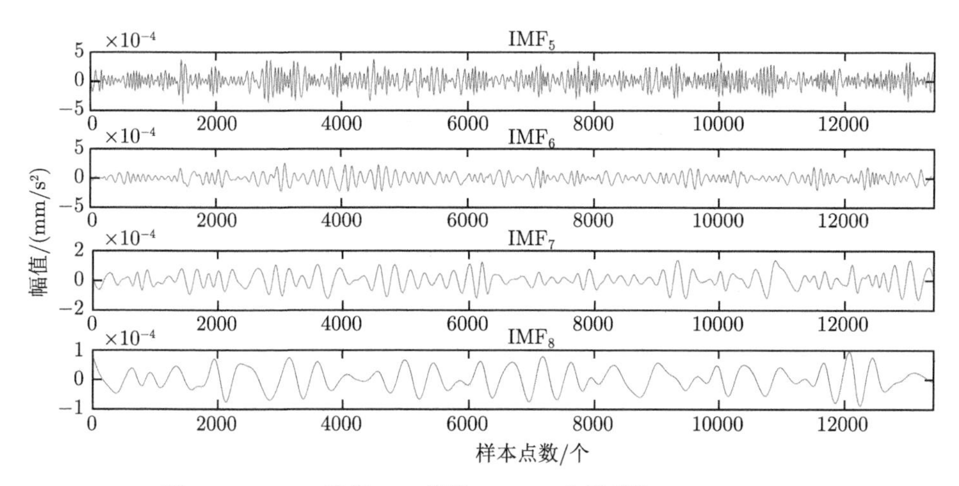

图 5-11 1min 沪深 300 指数 EEMD 分解后的 IMF_5～IMF_8

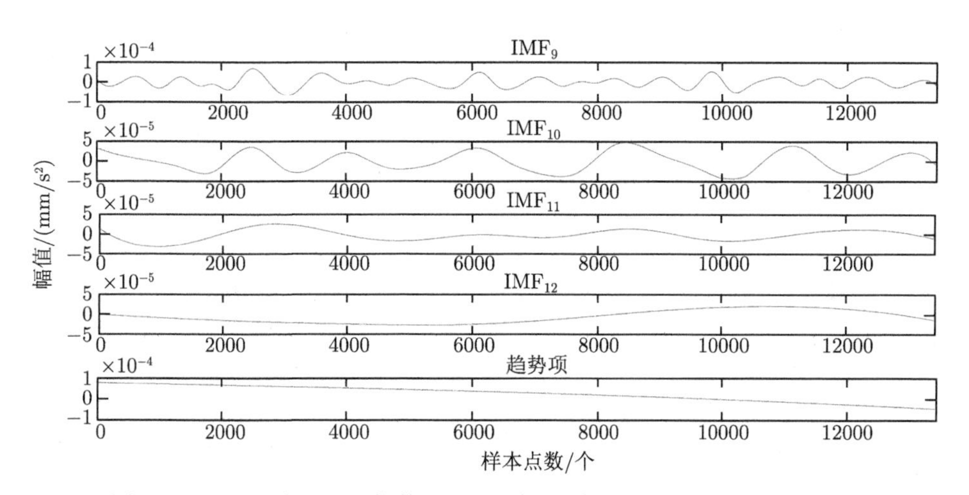

图 5-12 1min 沪深 300 指数 EEMD 分解后的 IMF_9～IMF_{12} 和趋势项

5.4.1 各分量描述性统计分析

为较为直观地了解通过 EEMD 方法处理后各个分量的数据特征, 需要对这 13 个分量序列做描述性统计分析. 即从均值、标准差、极差、偏度等统计量对 EEMD 作用后的数据进行初步分析 (表 5-1).

运用 EEMD 方法处理原收益率序列后, 得到包括 12 个 IMF 和 1 个趋势项在内的 13 个分量序列. 从图 5-10 ～ 图 5-12 中可以看到这 13 个分量按高频到低频的顺序排列下来, 每个分量包含有不一样多的信息. 表 5-1 则是经过 EEMD 处理后各个分量的描述性统计分析结果. 其中 IMF_2, IMF_6, IMF_7 和趋势项的偏度均是小于 0 的, 说明它们是重尾且左偏的; 其余序列的偏度是大于零的, 说明该序

表 5-1 EEMD 各分量描述性统计

变量名	均值	标准差	极差	偏度	峰度	J-B 统计量	P 值
IMF_1	−2.81e−06	0.0004	0.0046	0.0081	1.1967	802.8788	< 2.2e−16
IMF_2	−2.95e−06	0.0004	0.0031	−0.0337	0.3586	74.7540	< 2.2e−16
IMF_3	−1.93e−06	0.0003	0.0022	0.0301	0.2327	32.4817	8.845e−08
IMF_4	−4.50e−07	0.0002	0.0012	0.0466	−0.0436	5.9186	0.05185
IMF_5	−1.38e−06	0.0001	0.0008	0.0143	−0.0723	3.3548	0.1869
IMF_6	1.32e−07	7.80e−05	0.0005	−0.0534	0.0509	7.8570	0.01967
IMF_7	1.34e−06	5.11e−05	0.0003	−0.0468	−0.1052	11.0612	0.003964
IMF_8	−4.22e−07	3.81e−05	0.0002	0.0184	−0.6806	259.8611	< 2.2e−16
IMF_9	6.39e−08	2.46e−05	0.0001	0.1172	0.0442	31.8842	1.192e−07
IMF_{10}	1.62e−07	2.37e−05	9.33e−05	0.0520	−1.0397	611.0011	< 2.2e−16
IMF_{11}	−9.08e−07	1.33e−05	5.57e−05	0.0743	−0.5672	192.2519	< 2.2e−16
IMF_{12}	−4.64e−06	1.48e−05	4.30e−05	0.2989	−1.3484	1217.9426	< 2.2e−16
趋势项	2.36e−05	3.36e−05	0.0001	−0.3763	−1.0107	888.9537	< 2.2e−16

列重尾右偏. 再从峰度系数和 J-B 值入手, 它们都是可以检验数据是否存在尖峰现象的指标. 当显著性水平 $\alpha = 0.05$ 时, 相应的临界值通过查表可知为 5.99, 结合表 5-1 中的数值可知除了 IMF_4, IMF_5 的其余序列的 J-B 值都远远大于 5.99, 因此都存在严重的尖峰现象. 同时, 这也说明这些固有模态函数分量均不服从正态分布. 随后会进行各分量分布特征的详细说明.

5.4.2 正态性分析

本小节需要对通过 EEMD 处理后的各个固有模态函数分量进行正态性检验. 通过绘制 Quantiles-Quantiles(Q-Q) 图对这 13 个序列数据进行拟合. 按照原理来说, 数据的分布拟合最终形态大体可以看作一条直线时可以认为该数据近似服从正态分布, 反之则认为该数据不服从正态分布. 图 5-13 是用正态分布绘制由 EEMD 分解后的 IMF_1~IMF_4 的 Q-Q 图, 显然可以看出这些序列的数据点并没有很好地拟合到一条直线上.

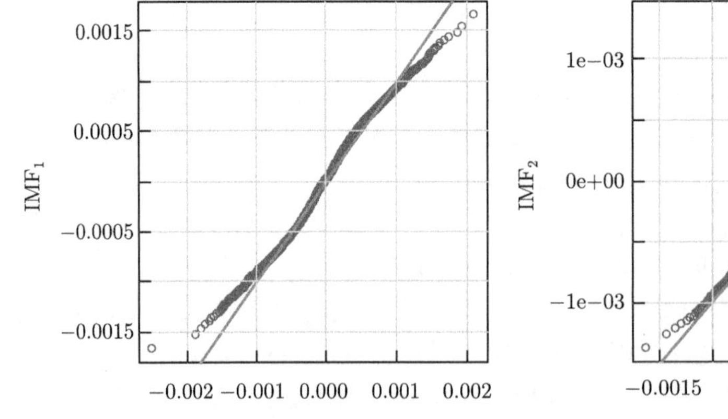

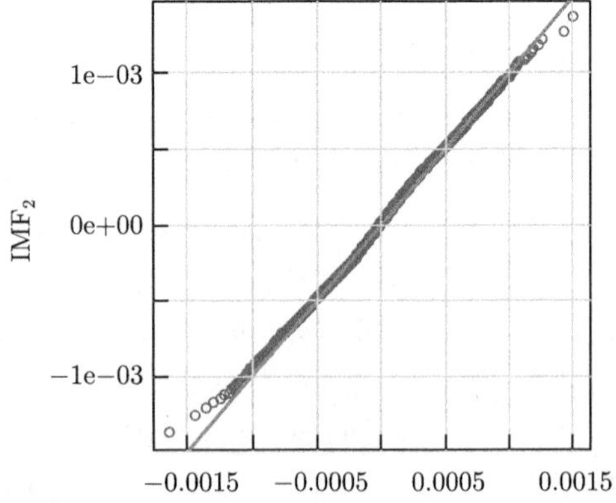

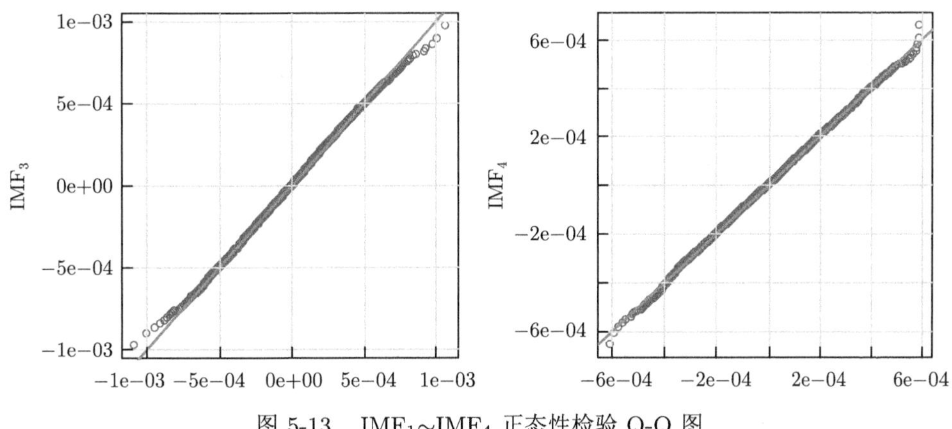

图 5-13 $IMF_1 \sim IMF_4$ 正态性检验 Q-Q 图

本章对所有分量都进行了正态性分析, 但不在此处赘述. 通过正态性分析, 可得出通过 EEMD 处理后的除了 $IMF_4 \sim IMF_6$ 的其余 IMF 均不服从正态分布的结论. 这与 5.4.1 节描述性统计分析中 J-B 检验的结果一致.

5.4.3 周期性分析

在对沪深 300 指数的对数收益率序列进行 EEMD 处理后, 将继续就其周期性做进一步的研究. 与 4.5.3 节中的计算方法一样, 通过使用 MATLAB 编程计算每个分量的极值点个数, 然后用平均周期法计算每个序列的周期. 其所得结果见表 5-2.

表 5-2 EEMD 分解后各 IMF 周期

变量名	极大值个数	极小值个数	T	方差占比
IMF_1	4233	4234	3.1748	43.35%
IMF_2	1913	1912	7.0251	29.22%
IMF_3	934	934	14.3887	14.78%
IMF_4	472	473	28.4725	6.75%
IMF_5	251	249	53.5418	3.12%
IMF_6	178	180	75.5000	1.32%
IMF_7	363	364	37.0220	0.56%
IMF_8	795	797	16.9044	0.31%
IMF_9	2116	2116	6.3511	0.13%
IMF_{10}	4965	4965	2.7067	0.12%
IMF_{11}	5847	5847	2.2984	0.04%
IMF_{12}	9217	9217	1.4581	0.05%
趋势项	10559	10559	1.2728	0.25%

从表 5-2 可看出经过 EEMD 方法处理后的沪深 300 指数每分钟收盘价对数收益率各分量的周期性变化并不相同. 其中, IMF_1, IMF_{10}, IMF_{11}, IMF_{12} 和趋势项的周期分别为 3.1748, 2.7067, 2.2984, 1.4581 和 1.2728, 大约可认为是一天; IMF_2 和 IMF_9 的周期分别为 7.0251, 6.3511, 可看作是一周; IMF_3, IMF_4, IMF_7 和 IMF_8 的周期则大约为一个月; IMF_5 和 IMF_6 的周期则接近为一个季度. 因此, 可以看出经过 EEMD 处理后的数据基本上是按日、周、月和季度为周期变化的.

分解后 IMF 的方差占比是判断其蕴含信息程度的关键指标. 沪深 300 指数的 IMF_1, IMF_2 和 IMF_3 方差占比较大, 说明这三个序列为股票收益序列波动的主要来源, 反映了沪深 300 指数高频数据的短期特征; 次之的是 IMF_4 和 IMF_5 方差占比较大, 反映了沪深 300 指数高频数据的中期特征; IMF_6 后的方差占比相对较小. 结合这些序列的方差占比、周期和内在特征, 本节将其加总后重构, 最后得到代表高频项的 IMF_1~IMF_3, 代表中频项的 IMF_4~IMF_5 以及代表低频项的 IMF_6~R, 对重构后的序列周期进行了研究, 计算方式与上述一致 (表 5-3).

表 5-3 EEMD 分解重构后各序列周期

变量名	极大值个数	极小值个数	T
高频	3725	3725	3.6078
中频	454	457	29.6013
低频	143	147	93.9790

注: IMF_6-R 表示 IMF_6 至 IMF_{12} 及趋势项相加得到的重构项.

从重构后的序列周期来看, 高频的平均周期为 3.6078, 大约为一周; 中频的平均周期为 29.6013, 大约为一个月; 低频的平均周期为 93.9790, 大约为一个季度; 因此, 可以认为重构后的沪深 300 指数对数收益率是按周、月和季度为周期进行变化的.

5.5 波动率估计

对分解后的固有模态函数运用公式 (4-17) 求解出分解后的部分高频固有模态函数的瞬时波动率, 进而得出 1min 采样频率下的高频数据波动率.

计算 1min 采样频率下的对数收益率序列的已实现波动率, 运用公式 (4-16) 对对数收益率平方求和, 最终得到每 1min 采样频率下的已实现波动率.

将上述通过整体经验模态分解后得到的波动率估计和已实现波动率进行对比分析, 并计算它们之间的相对误差, 对比的时序图如图 5-14 所示.

从图 5-14 可以看出, 波动范围基本维持在 0.00002~0.00016, 总体波动性较

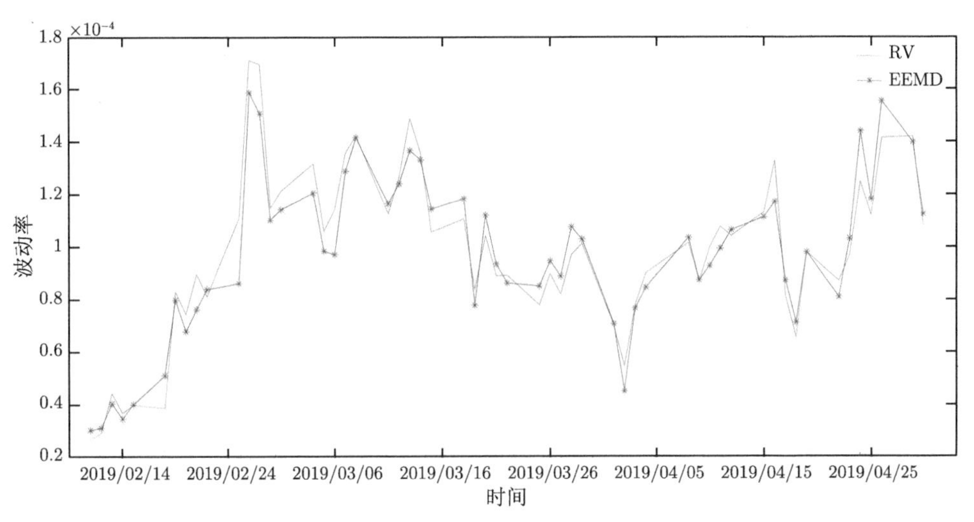

图 5-14　沪深 300 指数 1min 数据波动率比较图 (扫描封底二维码见彩图)

大. 用 EEMD 分解后得到的 1min 高频数据的波动率估计值与已实现波动率计算得到的波动率估计值是基本一致的, 可知沪深 300 指数 1min 数据波动率的估计效果较好.

除此之外, 本章与第 4 章一样, 也进行了采样频率分别为 5min, 15min, 30min 和 60min 的高频数据, 经过 EEMD 分解后分别得到了 10 个, 8 个, 7 个和 6 个由高频到低频的固有模态函数和 1 个趋势项, 分别取 $k = \log_2(N) = 3, 3, 2, 2$ 个, 进而估计出每 5min、每 15min、每 30min 和每 60min 采样频率下的高频数据的波动率. 再分别求得不同采样频率下的已实现波动率, 计算求出 EEMD 估计的波动率和已实现波动率之间的相对误差 (按照上述步骤重复进行计算). 最后进行对比分析, 相对误差图如图 5-15 所示.

从图 5-15 所示, 对比不同采样频率下的相对误差图可知, 随着采样频率降低, 时间间隔增大, 相对误差集中的取值范围明显右移, 相对误差逐渐减小. 1min 相

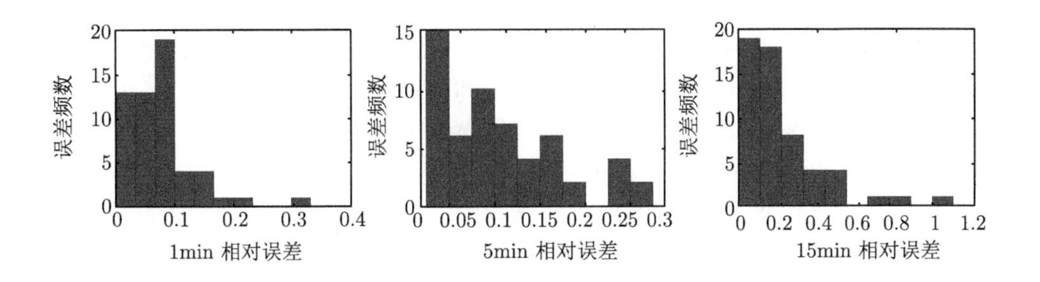

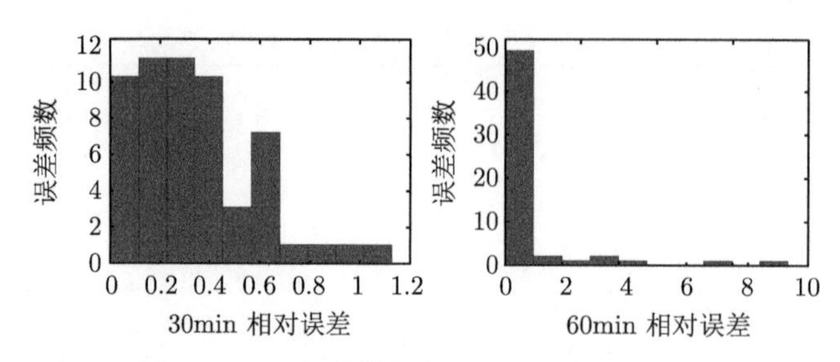

图 5-15　不同采样频率下的相对误差对比图

对误差的直方图集中在 [0,0.1], 5min 相对误差的直方图集中在 [0,0.15], 而 15min、30min 和 60min 则分别集中在 [0,0.2], [0,0.4], [0,2] 内, 相对误差的取值范围逐渐右移增大, 这说明相对误差随着采样频率的降低而增大. 更进一步地说明了通过 EEMD 估计出的波动率相对于采样频率充分高的数据非常有效.

本章节还计算了采样频率为 1min, 5min, 15min, 30min, 60min 的平均相对误差, 如表 5-4 所示.

表 5-4　EEMD 波动率估计的误差分析

序号	时间间隔	平均相对误差
1	1min	0.0714
2	5min	0.0993
3	15min	0.2112
4	30min	0.3328
5	60min	0.8899

由表可知, 每 1min 的平均相对误差为 0.0714, 远低于每 60min 的平均相对误差 0.8899, 且每 1min 和每 5min 的平均相对误差都小于 0.1, 说明整体经验模态分解更适合采样频率充分高的数据. 且采样频率越高即数据越高频, 相对误差越小, 所以充分地证明了整体经验模态分解对于采样频率充分高的数据来说更适用也更有效.

为了更清楚地分析平均相对误差整体的趋势, 下面给出不同采样频率下的平均相对误差直方图, 横轴表示采样频率, 纵轴代表平均相对误差, 如图 5-16 所示.

从图 5-16 可以看出, 随着采样频率的增高, 平均相对误差越来越小. 说明通过 EEMD 估计出的波动率对于采样频率高的数据更有效.

综上所述, 实证分析结果与模拟结果相一致, 更进一步地证明了 EEMD 方法的有效性和可行性, 即 EEMD 方法对较高频率的数据估计波动率的精确度高.

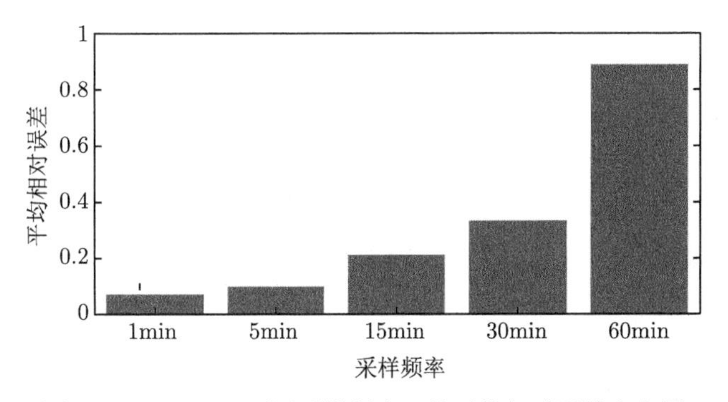

图 5-16 EEMD 不同采样频率下的平均相对误差直方图

5.6 本 章 小 结

波动率是金融市场中最重要的因素之一, 准确估计波动率可掌握市场收益的状况. 本章给出了波动率估计的形式, 并将估计方法运用在不同采样频率下的高频数据样本中, 利用整体经验模态分解的方法来估计高频数据的波动率, 首先使用模拟数据进行探究, 后又选择我国股票市场中推出时间最长的沪深 300 指数数据进行实证分析, 并证实了 EEMD 算法对估计高频波动率是有效的.

5.2 节对经验模态分解中的模态混叠现象进行了详细的论述, 并针对整体经验模态分解有效地抑制了模态混叠现象进行了阐述, 重点回顾和总结了整体经验模态分解的基本理论进行了回顾和总结.

本章剩余章节首先利用 EEMD 算法对模拟的 1min 高频数据进行波动率的估计, 证实了 EEMD 算法的可行性与有效性; 随后选取采样频率为 1min, 5min, 15min, 30min, 60min 的沪深 300 指数的高频数据为研究对象, 利用 EEMD 算法对这些高频数据进行分解, 并对分解后的 1min 高频数据进行多尺度分析, 发现分解后的高频数据按照日、周、月和季度为周期变化, 重构后的序列周期是按照周、月和季度变化的, 并计算出分解后的波动率, 通过时序图、误差频数图以及平均相对误差图与已实现波动率进行了对比. 实证研究发现, 随着采样频率的增高, 平均相对误差越来越小, 说明通过 EEMD 估计出的波动率对于采样频率高的数据更有效.

第 6 章　基于自适应噪声的完备经验模态分解的高频数据波动率估计

6.1　引　　言

本章节将利用基于自适应噪声的完备经验模态分解 (Complete Ensemble Empirical Mode Decomposition with Adaptive Noise, CEEMDAN) 方法对高频波动率进行估计. CEEMDAN 算法是基于整体经验模态分解 (EEMD) 的一种改进方法, 为了减少重构误差, CEEMDAN 利用高斯白噪声平均值为零的性质对信号进行分解. 本章利用 CEEMDAN 算法对高频波动率进行估计, 并在实证部分与已实现波动率进行了对比研究, 验证本方法的有效性和可行性.

本章后面内容的结构安排如下：6.2 节对本章所应用的基于自适应噪声的完备经验模态分解的基本理论进行了详细的介绍; 6.3 节介绍了基于自适应噪声的完备经验模态分解的已实现波动率估计方式; 6.4 节利用 1min 高频模拟数据验证基于自适应噪声的完备经验模态分解在高频波动率中的可行性和有效性; 6.5 节利用自适应噪声的完备经验模态分解沪深 300 指数高频数据, 并对分解后的数据进行多尺度分析; 6.6 节将自适应噪声的完备经验模态分解应用在高频数据波动率方面; 6.7 节对本章进行总结.

6.2　基于自适应噪声的完备经验模态分解基本理论

EEMD 通过多次实验, 消除和抑制分解过程中噪声所产生的影响, 一定程度上减少 EMD 分解模态混叠现象的产生, 但是 EEMD 分解在多次实验集成平均后, 重构的各个模式分量中仍然含有一定幅值的残留噪声, 虽然可以通过增加集成的次数降低重构误差, 但相应的计算规模也越大, 进而影响预测的准确性. 在 EEMD 的基础之上, 一种基于自适应噪声的完备经验模态分解方法被提出, 它在分解每一个阶段自适应加入白噪声序列, 计算唯一的余量信号来得到各个 IMF 分量, 与 EEMD 相比, 其分解的各分量重构信号误差几乎为零, 分解过程具有较好的完备性, 而且解决了 EEMD 分解效率低和模态混叠的问题. 对于给定待分解信号 x, CEEMDAN 算法的具体实现过程如下[190].

令 $w^{(i)}$ 是给定的高斯白噪声, 定义 $E_k(\cdot)$ 是由 EMD 分解得到的第 k 个固有模态函数 (Intrinsic Mode Function, IMF) 的运算符, 则:

(1) 利用 EMD 算法分解 $x^{(i)} = x + \beta_0 w^{(i)}, i = 1, \cdots, I$, 获得其第一个模态分量, 则输出 CEEMDAN 的第一个分量为 $\mathrm{IMF}_1' = \dfrac{1}{I}\sum_{i=1}^{I}\mathrm{IMF}_{i1} = \mathrm{IMF}_1$;

(2) 计算 $k=1$ 时的第一个残差分量 $r_1 = x - \mathrm{IMF}_1'$;

(3) 利用 EMD 算法分解 $r_1 + \beta_1 E_1(w^{(i)}), i = 1, \cdots, I$, 获得其第一个模态分量, 则输出 CEEMDAN 的第二个分量为 $\mathrm{IMF}_2' = \dfrac{1}{I}\sum_{i=1}^{I} E_1(r_1 + \beta_1 E_1(w^{(i)}))$;

(4) 计算第 k 个残差分量 $r_k = x - \mathrm{IMF}_k', k = 2, \cdots, K$;

(5) 利用 EMD 算法分解 $r_k+\beta_k E_k(w^{(i)}), i=1, \cdots, I$, 获得其第一个模态分量, 则输出 CEEMDAN 的第 $(k+1)$ 个分量为 $\mathrm{IMF}_{k+1}' = \dfrac{1}{I}\sum_{i=1}^{I} E_1(r_k+\beta_k E_k(w^{(i)}))$.

重复步骤 (4), 直到 EMD 无法分解计算出残差为止, 最后残差可以表示为 $r_K = x - \sum_{k=1}^{K}\mathrm{IMF}_k'$, 其中 K 是由 CEEMDAN 分解得到的总的模态数, 最终被 CEEMDAN 分解的信号可以重构并表示为 $x = \sum_{k=1}^{K}\mathrm{IMF}_k' + r_K$.

通过调整噪声标准差系数 β_k 可以在每一个阶段选择不同信号的信噪比, 从而达到自适应分解过程, 其算法流程见图 6-1.

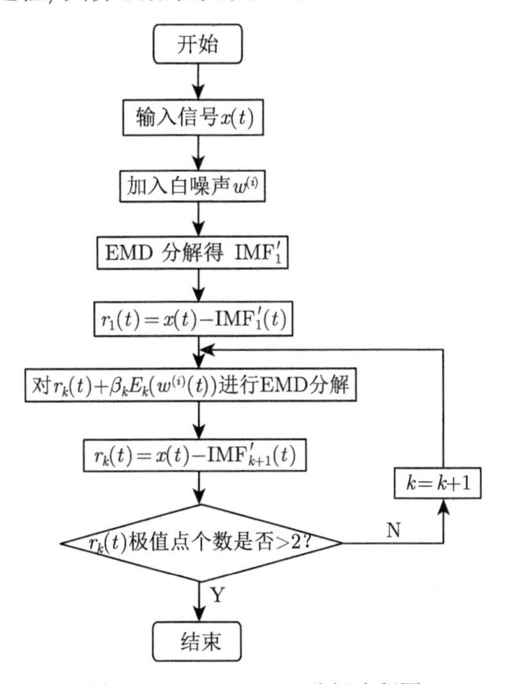

图 6-1 CEEMDAN 分解流程图

6.3 已实现波动率估计

考察金融资产在某个交易日内的波动率, 利用基于自适应噪声的完备经验模态分解算法对第 t 个交易日内的 m 个对数收益率进行分解, 分解后可得到 k 个 IMF 分量以及趋势项, 则第 t 个交易日的已实现波动率可表示为 k 个 IMF 的平方和:

$$\mathrm{RV}_t' = \sum_{m=1}^{n} \sum_{i=1}^{k} \mathrm{IMF}_{m,i}^2 \tag{6-1}$$

6.4 模拟研究

对第 4 章随机模拟产生的 30 天以 1min 为时间间隔数据, 由图 4-4 的对数收益率变化存在非线性的特征可知, 并且对数收益率存在尖峰现象, 需要对数据进行 CEEMDAN 分解, 提取不同频率下的特征.

经 CEEMDAN 分解后的数据共得到 11 个由高频到低频的固有模态函数 (IMF) 和 1 个趋势项 (Trend), 结果如图 6-2 和图 6-3 所示, 图 6-2 中给出了 $\mathrm{IMF}_1 \sim \mathrm{IMF}_6$, 图 6-3 中给出了 $\mathrm{IMF}_7 \sim \mathrm{IMF}_{11}$ 以及趋势项的走势.

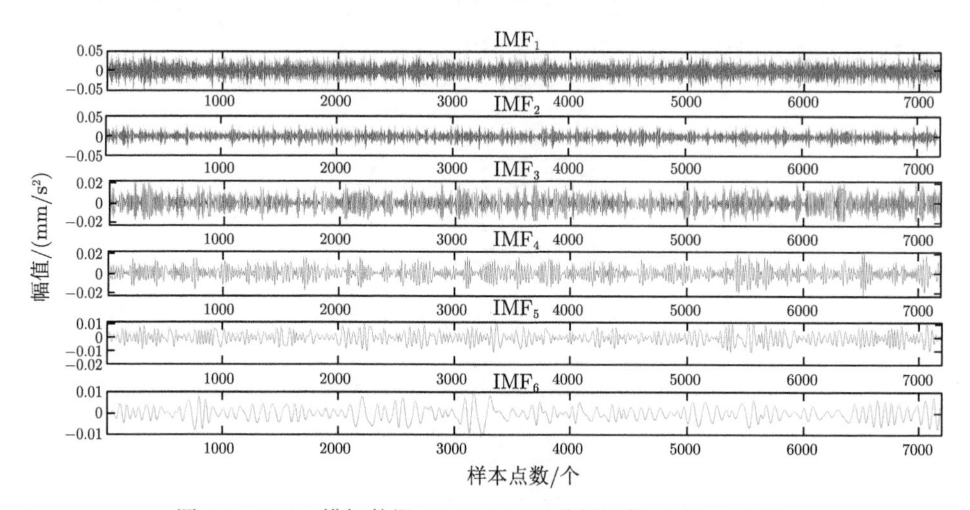

图 6-2 1min 模拟数据 CEEMDAN 分解后的 $\mathrm{IMF}_1 \sim \mathrm{IMF}_6$

图 6-2 和图 6-3 未出现模态混叠现象, 说明分解效果很好. IMF 排列由高频到低频, 最后的趋势项表现了序列在我们研究的时间段内的主要走向, 此采样频率下分解得到的趋势项是单调递增的.

根据分解波动率公式 (6-1), 求出分解后的波动率, 并与根据 (4-16) 式求出的日内真实波动率进行对比, 如图 6-4 所示.

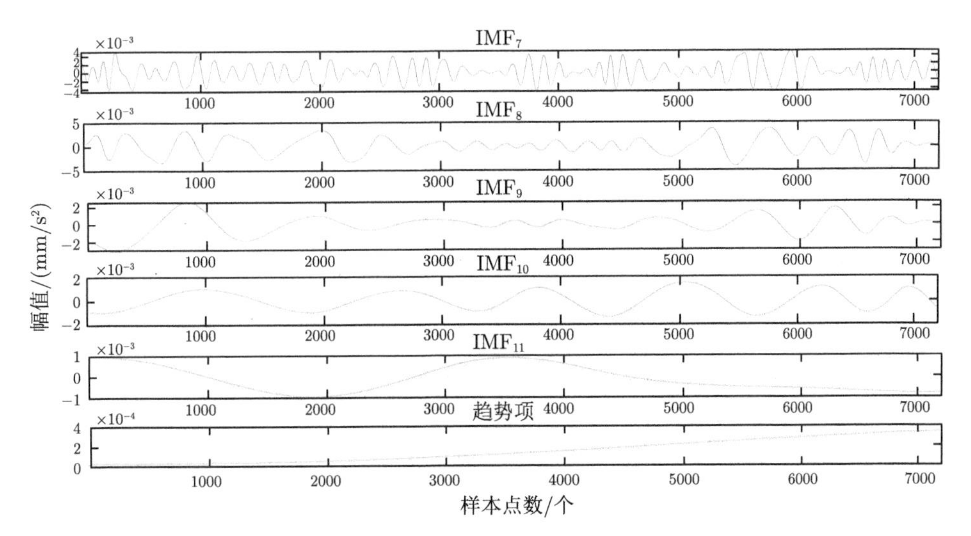

图 6-3 1min 模拟数据 CEEMDAN 分解后的 IMF_7~IMF_{11} 及趋势项

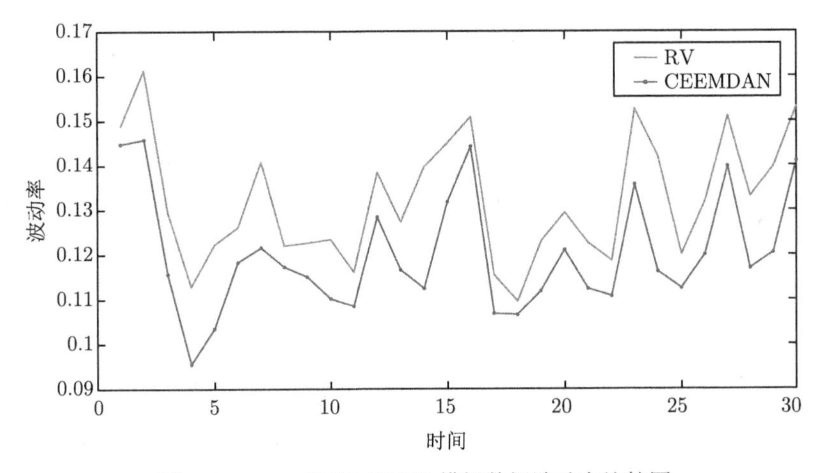

图 6-4 1min CEEMDAN 模拟数据波动率比较图

图 6-4 为 1min 模拟数据的已实现波动率和经 CEEMDAN 分解后估计出来的波动率的比较图, 真实波动率最高达到 0.1613, 最低值为 0.1096, 波动范围基本维持在 0.10~0.15, 波动幅度较大. 经 CEEMDAN 分解后波动率的趋势与真实波动率的趋势基本一致, 可知 1min 模拟数据波动率的估计效果较好, 表明 CEEMDAN 用于高频数据的波动率估计是可行有效的.

CEEMDAN 分解后波动率的平均误差为 0.0919, 误差非常小, 说明 CEEMDAN 估计波动率的效果非常好. 为了充分体现 CEEMDAN 算法的有效性, 对 1min 模拟数据的相对误差作直方图, 如图 6-5 所示, 经 CEEMDAN 分解计算所得的相对误差都集中在 [0.04, 0.12] 中, 更进一步地证明了 CEEMDAN 估计高频数据波动率的有效性和可靠性.

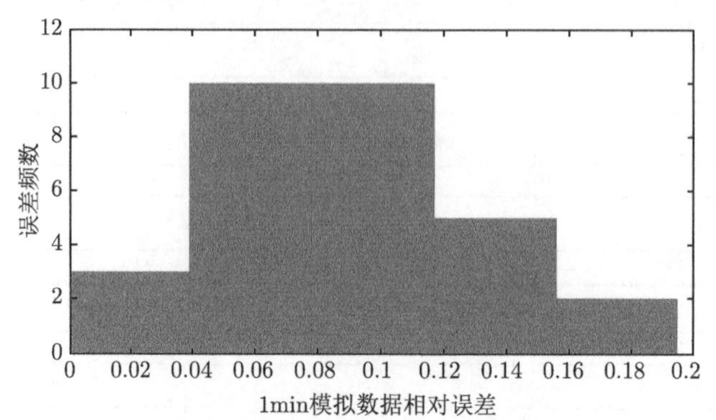

图 6-5 1min CEEMDAN 模拟数据相对误差直方图

综上所述, 通过 CEEMDAN 对 1min 的模拟数据估计波动率, 初步断定 CEEMDAN 方法估计波动率对于处理频率高的数据更加适用、有效, 此判断将在 6.6 节的实证研究部分经过检验得到证实.

6.5 多尺度分析

本章的数据与第 4 章选取数据相同, 即选用沪深 300 指数的收盘价, 时间从 2019 年 2 月 11 日到 2019 年 4 月 30 日, 抽样频率为 1min 的高频数据. 利用 CEEMDAN 估计波动率, 首先对对数收益率进行自适应噪声的完备经验模态分解, 分解后得到若干个 IMF 分量, 选择高频的 IMF 分量进行波动率的估计. 波动率估计采用的具体流程如图 6-6 所示.

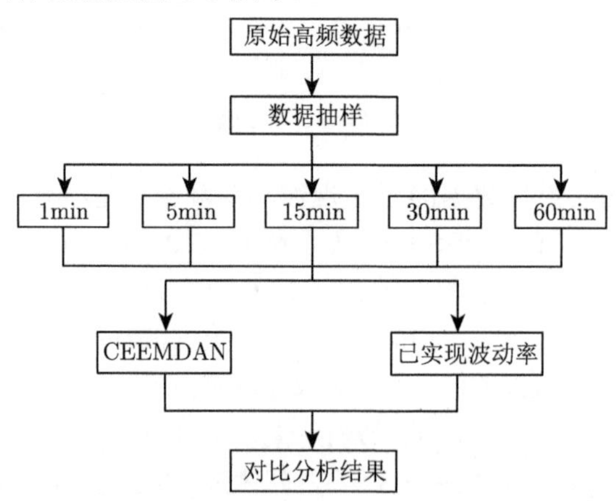

图 6-6 CEEMDAN 波动率估计流程图

在图 4-11 中列出了沪深 300 指数收盘价及去噪后的对数收益率时序图, 其对数收益率的变化具有非线性的特征并且对数收益率存在尖峰现象, 为了提取不同频率下的数据特征, 对沪深 300 指数 1min 数据进行 CEEMDAN 分解. 对去噪后的对数收益率利用 CEEMDAN 算法进行分解, 图 6-7 和图 6-8 为 CEEMDAN 分解后得到 12 个 IMF 和趋势项. 图 6-7 中给出了 $\mathrm{IMF}_1 \sim \mathrm{IMF}_6$, 图 6-8 中给出了 $\mathrm{IMF}_7 \sim \mathrm{IMF}_{12}$ 及趋势项的走势. 从图 6-7 和图 6-8 中可以看出, IMF 未出现模态混叠现象, 说明分解效果很好. IMF 都是从高频到低频排列, 最后一个趋势项显示了所研究时间段内的主要走向, 趋势是先降低后升高的.

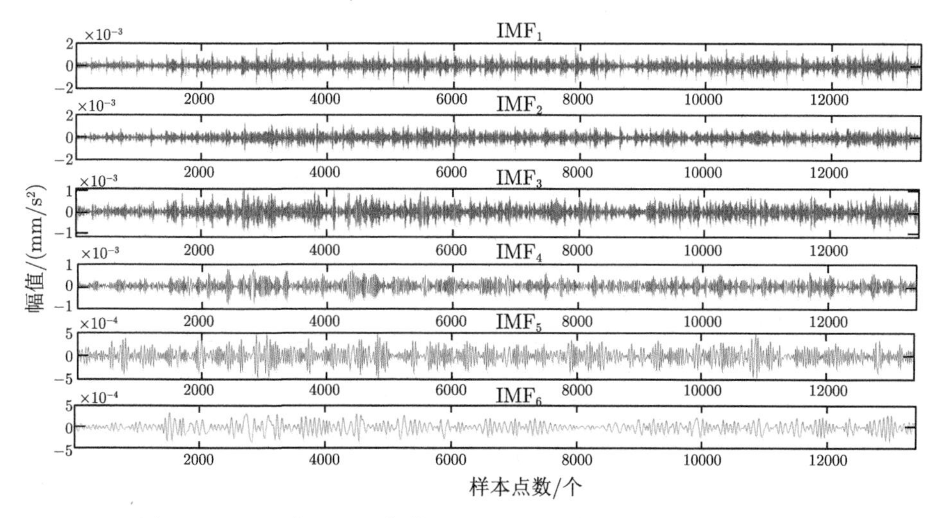

图 6-7 1min 沪深 300 指数 CEEMDAN 分解后的 $\mathrm{IMF}_1 \sim \mathrm{IMF}_6$

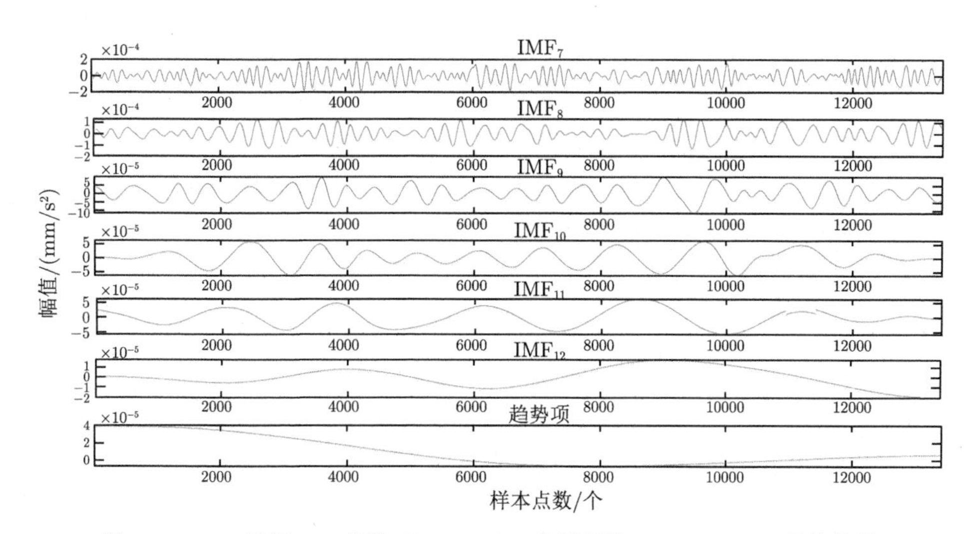

图 6-8 1min 沪深 300 指数 CEEMDAN 分解后的 $\mathrm{IMF}_7 \sim \mathrm{IMF}_{12}$ 及趋势项

6.5.1 各分量描述性统计分析

为较为直观地了解通过 CEEMDAN 方法处理后各个分量的数据特征, 需要对这 13 个分量序列做描述性统计分析. 即从均值、标准差、极差、偏度等统计量对 CEEMDAN 作用后的数据进行初步分析 (表 6-1).

表 6-1 CEEMDAN 各分量描述性统计

变量名	均值	标准差	极差	偏度	峰度	J-B 统计量	P 值
IMF_1	4.34e−07	0.0004	0.0038	−0.0018	1.4246	1137.4367	< 2.2e−16
IMF_2	−1.58e−06	0.0003	0.0028	−0.0255	0.4951	139.0219	< 2.2e−16
IMF_3	−2.11e−06	0.0003	0.0023	0.00378	0.3471	67.6815	1.998e−15
IMF_4	1.71e−06	0.0002	0.0016	0.0185	0.1065	7.1809	0.0276
IMF_5	−4.86e−07	0.0001	0.0010	0.0009	−0.1492	12.4002	0.0020
IMF_6	−2.51e−07	0.0001	0.0007	−0.0299	0.2256	30.6221	2.241e−07
IMF_7	2.12e−07	7.04e−05	0.0004	−0.0078	−0.1830	18.7991	8.276e−05
IMF_8	5.70e−07	5.44e−05	0.0003	−0.0029	−0.2289	29.2498	4.451e−07
IMF_9	−5.50e−07	4.31e−05	0.0002	−0.0244	−0.7562	321.2994	< 2.2e−16
IMF_{10}	1.22e−06	2.70e−05	0.0001	0.1155	0.3431	95.6117	< 2.2e−16
IMF_{11}	2.69e−07	2.37e−05	0.0001	0.0008	−0.4426	109.5013	< 2.2e−16
IMF_{12}	−2.33e−06	1.50e−05	0.00005	0.2284	−1.2248	956.5377	< 2.2e−16
趋势项	1.35e−05	1.52e−05	0.00046	0.6950	−0.8370	1474.2234	< 2.2e−16

运用 CEEMDAN 方法处理原收益率序列后, 得到包括 12 个 IMF 和 1 个趋势项在内的 13 个分量序列. 从图 6-7 和图 6-8 中可以看到这 13 个分量按高频到低频的顺序排列下来, 每个分量包含有不一样多的信息. 表 6-1 则是经过 CEEMDAN 处理后各个分量的描述性统计分析结果. 其中 IMF_1, IMF_2, IMF_6~IMF_9 的偏度均是小于 0 的, 说明它们是重尾且左偏的; 其余序列的偏度是大于零的, 说明该序列重尾右偏. 再从峰度系数和 J-B 值入手, 它们都是可以检验数据是否存在尖峰现象的指标. 当显著性水平 $\alpha = 0.05$ 时, 此时相应的临界值通过查表可知为 5.99, 结合表 6-1 中的数值可知所有序列的 J-B 值都远远大于 5.99, 因此都存在严重的尖峰现象. 同时, 除 IMF_4 以外, 其余固有模态函数分量均不服从正态分布. 随后会进行各分量分布特征的详细说明.

6.5.2 正态性分析

本小节需要对通过 CEEMDAN 处理后的各个固有模态函数分量进行正态性检验. 通过绘制 Quantiles-Quantiles(Q-Q) 图对这 13 个序列数据进行拟合. 按照原理来说, 数据的分布拟合最终形态大体可以看作一条直线时可以认为该数据近似服从正态分布, 反之则认为该数据不服从正态分布. 图 6-9 是用正态分布绘制由 CEEMDAN 分解后的 IMF_1~IMF_4 的 Q-Q 图, 显然可以看出这些序列的数据点并没有很好地拟合到一条直线上.

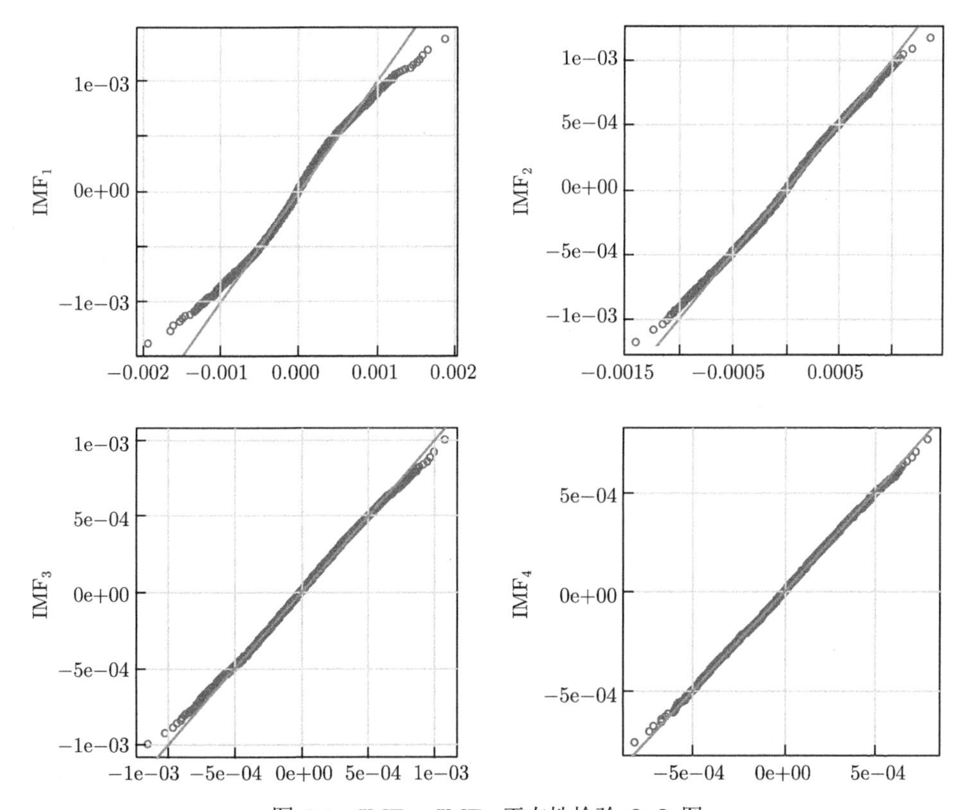

图 6-9 $\mathrm{IMF}_1 \sim \mathrm{IMF}_4$ 正态性检验 Q-Q 图

我们对所有分量都进行了正态性分析, 但不在文中赘述. 通过正态性分析, 可得出通过 CEEMDAN 处理后的除了 IMF_4, 其余 IMF 均不服从正态分布的结论. 这与 6.5.1 节描述性统计分析中 J-B 检验的结果一致.

6.5.3 周期性分析

在对沪深 300 指数的对数收益率序列进行 CEEMDAN 处理后, 将继续就其周期性做进一步的研究. 与 4.5.3 节中的计算方法一样, 通过使用 MATLAB 编程计算每个分量的极值点个数, 然后用平均周期法计算每个序列的周期. 其所得结果见表 6-2.

从表 6-2 可看出经过 CEEMDAN 方法处理后的沪深 300 指数每分钟收盘价对数收益率各分量的周期性变化并不相同. 其中, IMF_1, IMF_{11}, IMF_{12} 和趋势项的周期分别为 2.8491, 2.8901, 1.6820 和 1.3630, 大约可认为是一天; IMF_2, IMF_3 和 IMF_{10} 的周期分别为 5.6538, 10.3457, 5.8583, 可看作是一周; IMF_4, IMF_5, IMF_8 和 IMF_9 的周期则接近为一个月; IMF_6 和 IMF_7 的周期则接近为两个月. 因此, 可以看出经过 CEEMDAN 处理后的数据基本上是按日、周和月为周期变化的.

表 6-2 CEEMDAN 分解后各 IMF 周期

变量名	极大值个数	极小值个数	T	方差占比
IMF_1	4717	4717	2.8491	35.00%
IMF_2	2377	2377	5.6538	25.41%
IMF_3	1299	1299	10.3457	18.36%
IMF_4	689	689	19.5051	10.70%
IMF_5	368	367	36.5190	4.90%
IMF_6	214	219	62.7991	2.69%
IMF_7	210	202	63.9952	1.26%
IMF_8	350	346	38.3971	0.76%
IMF_9	758	760	17.7296	0.47%
IMF_{10}	2294	2294	5.8583	0.19%
IMF_{11}	4650	4649	2.8901	0.14%
IMF_{12}	7990	7991	1.6820	0.06%
趋势项	9806	9806	1.3630	0.06%

分解后 IMF 的方差占比是判断其蕴含信息程度的关键指标. 沪深 300 指数的 IMF_1, IMF_2 和 IMF_3 方差占比较大, 说明这两个序列为股票收益序列波动的主要来源, 反映了沪深 300 指数高频数据的短期特征; 次之的是 IMF_4, IMF_5 和 IMF_6 方差占比较大, 反映了沪深 300 指数高频数据的中期特征; IMF_7 后的方差占比相对较小. 结合这些序列的方差占比、周期和内在特征, 本章节将其加总后重构, 最后得到代表高频项的 $IMF_1 \sim IMF_3$, 代表中频项的 $IMF_4 \sim IMF_6$ 以及代表低频项的 $IMF_7 \sim R$, 对重构后的序列周期进行了研究, 计算方式与上述一致 (表 6-3).

表 6-3 CEEMDAN 分解重构后各序列周期

变量名	极大值个数	极小值个数	T
高频	3742	3742	3.5914
中频	639	640	21.0313
低频	179	176	75.0782

注: $IMF_7 \sim R$ 表示 IMF_7 至 IMF_{12} 及趋势项相加得到的重构项.

从重构后的序列周期来看, 高频的平均周期为 3.5914, 大约为一周; 中频的平均周期为 21.0313, 大约为一个月; 低频的平均周期为 75.0782, 大约为一个季度. 因此, 可以认为重构后的沪深 300 指数对数收益率是按周、月和季度为周期进行变化的.

6.6 波动率估计

对分解后的固有模态函数运用公式 (6-1) 求解出分解后的部分高频固有模态函数的瞬时波动率, 进而得出 1min 采样频率下的高频数据波动率. 求 1min 采样频率下的对数收益率序列的已实现波动率, 运用公式 (4-16) 对对数收益率平方求和, 最终得到每 1min 采样频率下的已实现波动率. 将上述通过基于自适应噪声的完备经验模态分解后得到的波动率估计和已实现波动率进行对比分析, 并计算它们之间的相对误差, 对比的时序图如图 6-10 所示.

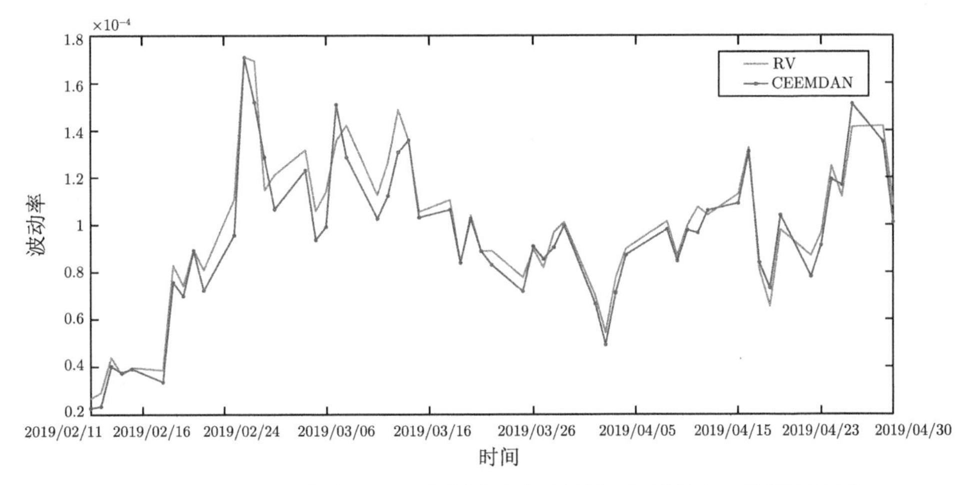

图 6-10 沪深 300 指数 1min 数据波动率比较图 (扫描封底二维码见彩图)

从图 6-10 可以看出, 波动范围基本维持在 0.00002~0.00017, 总体波动性较大. 用 CEEMDAN 分解后得到的 1min 高频数据的波动率估计值与已实现波动率计算得到的波动率估计值是基本一致的, 可知沪深 300 指数 1min 数据波动率的估计效果较好.

除此之外, 本章与第 4 章一样, 也进行了采样频率分别为 5min, 15min, 30min 和 60min 的高频数据, 经过 CEEMDAN 分解后分别得到了 10 个, 8 个, 6 个和 6 个由高频到低频的固有模态函数和 1 个趋势项, k 取所有的 IMF 进行估计, 进而得出每 5min、每 15min、每 30min 和每 60min 采样频率下的高频数据的波动率. 再分别求得不同采样频率下的已实现波动率, 计算求出 CEEMDAN 估计的波动率和已实现波动率之间的相对误差 (按照上述步骤重复进行计算). 最后进行对比分析, 相对误差图如图 6-11 所示.

从图 6-11 所示, 对比不同采样频率下的相对误差图可知, 随着采样频率降低, 时间间隔增大, 相对误差集中的取值范围明显右移, 相对误差逐渐减小. 1min 相对误差的直方图集中在 $[0, 0.05]$, 5min 相对误差的直方图集中在 $[0, 0.1]$, 而 15min, 30min 和 60min 则分别集中在 $[0, 0.2]$, $[0, 0.5]$, $[0, 1]$ 内, 相对误差的取值范围逐渐右移增大, 这说明相对误差随着采样频率的降低而增大. 更进一步地说明了通过 CEEMDAN 估计出的波动率相对于采样频率充分高的数据非常有效.

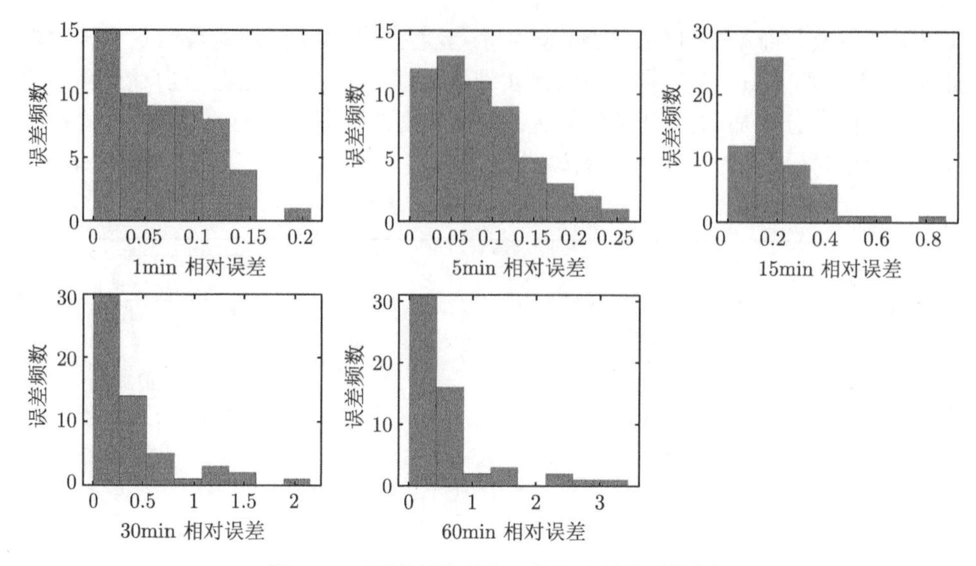

图 6-11 不同采样频率下的相对误差对比图

本节还计算了采样频率为 1min, 5min, 15min, 30min, 60min 的平均相对误差, 如表 6-4 所示.

表 6-4 CEEMDAN 波动率估计的误差分析

序号	时间间隔	平均相对误差
1	1min	0.0664
2	5min	0.0829
3	15min	0.2007
4	30min	0.3998
5	60min	0.5946

由表可知, 每 1min 的平均相对误差为 0.0664, 远低于每 60min 的平均相对误差 0.5946, 且每 1min、每 5min 和每 15min 的平均相对误差都小于 0.21, 说明整体经验模态分解更适合采样频率充分高的数据. 且采样频率越高即数据越高频, 相对误差越小, 所以充分地证明了整体经验模态分解对于采样频率充分高的数据来说更适用也更有效.

为了更清楚地分析平均相对误差整体的趋势, 下面给出不同采样频率下的平均相对误差直方图, 横轴表示采样频率, 纵轴代表平均相对误差, 如图 6-12 所示.

从图 6-12 可以看出, 随着采样频率的增高, 平均相对误差越来越小. 说明通过 CEEMDAN 估计出的波动率对于采样频率高的数据更有效.

综上所述, 实证分析结果与模拟结果相一致, 更进一步地证明了 CEEMDAN 方法的有效性和可行性, 即 CEEMDAN 方法对较高频率的数据估计波动率的精确度高.

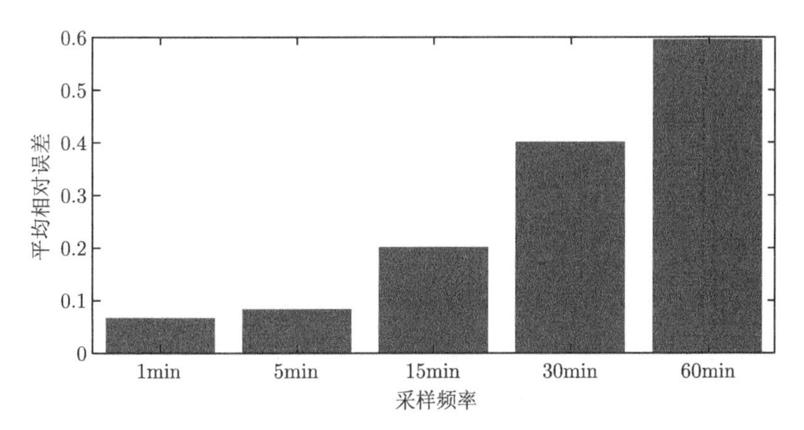

图 6-12 CEEMDAN 不同采样频率下的平均相对误差直方图

6.7 本 章 小 结

波动率是金融市场中最重要的因素之一, 准确估计波动率可掌握市场收益的状况. 本章给出了波动率估计的形式, 并将估计方法运用在不同采样频率下的高频数据样本中, 利用基于自适应噪声的完备经验模态分解的方法来估计高频数据的波动率, 首先使用模拟数据进行探究, 后又选择我国股票市场中推出时间最长的沪深 300 指数数据进行实证分析, 并证实了 CEEMDAN 算法对估计高频波动率是有效的.

6.2 节对基于自适应噪声的完备经验模态分解的基本理论进行了详细的论述, 并与 EEMD 相比, 其分解的各分量重构信号误差几乎为零, 分解过程具有较好的完备性, 而且解决了 EEMD 分解效率低和模态混叠的问题.

本章剩余章节首先利用 CEEMDAN 算法对模拟的 1min 高频数据进行波动率的估计, 证实了 CEEMDAN 算法的可行性与有效性; 随后选取采样频率为 1min, 5min, 15min, 30min, 60min 的沪深 300 指数的高频数据为研究对象, 利用 CEEMDAN 算法对这些高频数据进行分解, 对分解后的 1min 高频数据进行多尺度分析, 发现分解后的高频数据是按照日、周和月为周期变化, 重构后的序列周期是按照周、月和季度变化的, 并计算出分解后的波动率, 通过时序图、误差频数图以及平均相对误差图与已实现波动率进行了对比. 实证研究发现, 随着采样频率的增高, 平均相对误差越来越小, 说明通过 CEEMDAN 估计出的波动率对于采样频率高的数据更有效.

第 7 章　基于局部均值分解的高频数据波动率估计

7.1　引　　言

基于 RV 及其修正模型的研究基础和深刻的理论背景, Huang[74] 在 2003 年将新兴的时频数据分析算法——Hilbert-Huang 变换引入金融时间序列分析建模领域, 在非线性非平稳金融高频数据的降噪和预测等方面取得了突破性的进展. 由于 HHT 存在过包络、欠包络和模态混叠等缺陷, Jonathan S. Smith[75] 在 2005 年提出具有自适应特点的局部均值分解算法, 并将该方法应用到脑电信号的分析研究中, 实证表明 LMD 算法能更准确地提取数据特征信息. 由于金融高频数据和脑电图信号具有相同的特性, 因此可以将金融市场的股票收益率看成一系列的输入信号, 从 LMD 算法的角度对金融高频数据的波动进行描述. 本章以沪深 300 指数为切入点, 利用 LMD 算法进行波动率估计, 并与实际波动率估计结果比较, 考察分析不同采样频率下两种方法的差异程度, 为解决金融高频数据中存在的微观结构噪声和提取数据中的重要特征信息提供了全新的研究方向.

本章后面内容的结构安排如下：7.2 节对本章所应用的局部均值分解的基本理论进行了详细的介绍; 7.3 节介绍了基于局部均值分解的已实现波动率估计方式; 7.4 节利用 1min 高频模拟数据验证基于局部均值分解在高频波动率估计中的可行性和有效性; 7.5 节利用局部均值分解对高频数据进行分解, 并对分解后的 1min 高频数据进行多尺度分析; 7.6 节将局部均值分解应用在计算高频数据波动率估计方面; 7.7 节对本章进行总结.

7.2　局部均值分解基本理论

局部均值分解 (Local Mean Decomposition, LMD) 是由 Jonathan S. Smith 在已有的研究基础上提出的一种新的自适应非平稳信号处理算法. 它能将一个复杂的多分量信号从高频至低频自适应地分解为有限个有物理意义的乘积函数分量之和, 其中每个 PF 分量由一个包络信号和一个纯调频信号相乘而得到, 包络信号就是该 PF 分量的瞬时幅值, 而 PF 分量的瞬时频率则可由纯调频信号直接求出, 进一步将所有 PF 分量的瞬时频率和瞬时幅值结合, 便可以得到原始信号完整的时频分布, 由 LMD 得到的每一个 PF 分量实际上是一个单分量的调幅-调频信号, 因此 LMD 本质上是将多分量信号自适应地分解为若干个单分量的调幅-调频信号之和, 非常适合于处理多分量的调幅-调频信号. 对于任意振动信号 $x(t)$, 局部均值分解算法将 $x(t)$ 分解为

$$x(t)=\sum_{p=1}^{k}\mathrm{PF}_p(t)+\mu_k(t) \tag{7-1}$$

其中, $\mathrm{PF}_p(t)$ 是一组具有物理意义的 PF 分量, $u_k(t)$ 为一单调趋势函数, 并且每个 PF 分量都是纯调频信号和包络信号的乘积, 该 PF 分量的瞬时幅值就是包络信号, 而瞬时频率可以由纯调频信号求得. 局部均值分解步骤为[75]:

(1) 筛选出原始信号 $x(t)$ 的所有局部极值点 n_i, 计算相邻极值点 n_i 和 n_{i+1} 的平均值 m_i 和包络估计值 α_i, 其中

$$\alpha_i=\frac{|n_i-n_{i+1}|}{2} \tag{7-2}$$

(2) 利用滑动平均法对和进行平滑处理, 得局部均值函数 $m_{11}(t)$ 和包络估计函数 $a_{11}(t)$;

(3) 剔除原始信号 $x(t)$ 中的局部均值函数 $m_{11}(t)$, 即

$$h_{11}(t)=x(t)-m_{11}(t) \tag{7-3}$$

(4) 用 $h_{11}(t)$ 除以包络估计函数 $a_{11}(t)$ 以实现对 $h_{11}(t)$ 的解调:

$$s_{11}(t)=h_{11}(t)/a_{11}(t) \tag{7-4}$$

对 $s_{11}(t)$ 重复上述步骤便能得到 $s_{11}(t)$ 的包络估计函数 $a_{12}(t)$, 假如 $a_{12}(t)$ 不等于 1, 说明 $s_{11}(t)$ 不是一个纯调频信号, 需要重复上述迭代过程 n 次, 直至 $s_{1n}(t)$ 为一个纯调频信号, 也即 $s_{1n}(t)$ 的包络估计函数 $a_{1(n+1)}(t)=1$, 所以, 有

$$\begin{cases}h_{11}(t)=x(t)-m_{11}(t)\\h_{12}(t)=s_{11}(t)-m_{12}(t)\\\cdots\cdots\\h_{1n}(t)=s_{1(n-1)}(t)-m_{1n}(t)\end{cases} \tag{7-5}$$

式中

$$\begin{cases}s_{11}(t)=h_{11}(t)/a_{11}(t)\\s_{12}(t)=h_{12}(t)/a_{12}(t)\\\cdots\cdots\\s_{1n}(t)=h_{1n}(t)/a_{1n}(t)\end{cases} \tag{7-6}$$

迭代终止条件为

$$\lim_{n\to\infty} a_{1n}(t) = 1 \tag{7-7}$$

实际应用中, 在不影响分解效果的前提下, 为了减少迭代次数, 降低运算时间, 可以用

$$a_{1n}(t) \approx 1 \tag{7-8}$$

作为迭代终止的条件.

(5) 得到瞬时幅值函数和第一个分量:

$$a_1(t) = a_{11}(t)a_{12}(t)\cdots a_{1n}(t) = \prod_{q=1}^{n} a_{1q}(t) \tag{7-9}$$

(6) 将包络信号 $a_1(t)$ 和纯调频信号 $s_{1n}(t)$ 相乘便可以得到原始信号的第一个 PF 分量

$$\mathrm{PF}_1 = a_1(t)\, s_{1n}(t) \tag{7-10}$$

它包含了原始信号中最高的频率成分, 是一个单分量的调幅-调频信号, 其瞬时幅值就是包络信号 $a_1(t)$, 其瞬时频率 $f_1(t)$ 则可由纯调频信号 $s_{1n}(t)$ 求出, 即

$$f_1(t) = \frac{1}{2\pi}\frac{d\left[\arccos\left(s_{1n}(t)\right)\right]}{dt} \tag{7-11}$$

(7) 将第一个 PF 分量 $\mathrm{PF}_1(t)$ 从原始信号 $x(t)$ 中分离出来, 得到一个新的信号 $u_1(t)$, 将 $u_1(t)$ 作为原始数据重复以上步骤, 循环 k 次, 直到 $u_k(t)$ 为一个单调函数为止.

$$\begin{cases} u_1(t) = x(t) - \mathrm{PF}_1(t) \\ u_2(t) = u_1(t) - \mathrm{PF}_2(t) \\ \cdots\cdots \\ u_k(t) = u_{k-1}(t) - \mathrm{PF}_k(t) \end{cases} \tag{7-12}$$

原始信号 $x(t)$ 能够被所有的 PF 分量和 $u_k(t)$ 重构, 即

$$x(t) = \sum_{p=1}^{k} \mathrm{PF}_p(t) + u_k(t) \tag{7-13}$$

说明 LMD 分解没有造成原信号信息的损失.

但 LMD 分解会受到端点效应的影响, 这是由于局部均值包络函数在端点处存在一段未知的信号, 若对端点不进行处理, 在程序运行时, 会自动给这部分信号

添加一些虚假信息, 从而对 LMD 分解产生影响. LMD 端点效应首先发生在端点附近, 然后在迭代过程中不断向内部扩散, 迭代次数越多端点效应污染整个数据段的程度就越严重. 端点效应会使分解得到的各分量在端点附近产生一些变形, 从而使结果不容易满足循环终止条件, 增加了循环次数, 严重的时候会使数据产生严重失真.

所以为减小端点效应对算法的影响, 在分解前要对端点进行一定的处理, 应用最多的处理方法是镜像延拓算法, 镜像延拓是在端点以外延拓一段信号. 实际处理的信号两端点一般不是极值点, 这时候可以采用镜像延拓的方法进行拓展, 在 LMD 算法中只延拓一个极值点就可以很好地消除端点效应的影响. 延拓方法以离端点最近的一个极值点为对称轴, 将离端点次近的极值点向外延拓. 在求解局部均值函数和局部包络函数的时候将这个延拓的极值点代入, 即可求得完整的局部均值函数和局部包络函数.

因此在 LMD 方法中, 首先需要确定局部极值点, 然而两端点有可能既不是极大值点, 也不是极小值点, 因此, LMD 方法需要对端点进行处理. 局部均值分解法是一种新的非平稳信号处理方法, 它能根据信号本身的特征进行自适应的分解, 使得分解后的每个分量都具有一定的物理意义, 能够反映信号的内在本质, 这为对信号进行另外的后述处理提供了很好的基础, 而且相比于已经广泛应用的经验模式分解法来说, LMD 方法在抑制端点效应、减少迭代次数和保留信号信息完整性等方面效果更好一些, 不过, 作为一种新的非平稳信号处理方法, 它也有明显的不足之处, 如当平滑次数较多时, 信号会发生提前或滞后现象, 在平滑时步长不能最优确定, 无快速算法等一系列问题, 这还需在以后的研究应用中逐步解决, 但随着这些问题的深入, 局部均值分解法的应用将会越来越广泛.

7.3 已实现波动率估计

考察金融资产在某个交易日内的波动率. 利用局部均值分解算法对第 t 个交易日内的 m 个对数收益率进行分解, 分解后的 k 个 PF 分量由幅值函数 $\alpha(t)$ 和纯调频函数 $s(t)$ 构成, 若对 PF 分量进行希尔伯特变换, 从 PF 分量中解调出来的幅值可以反映信息的波动程度. 则第 t 个交易日的已实现波动率可表示为幅值函数的平方和:

$$\mathrm{RV}_t = \sum_{j=1}^{k} \alpha_j^2(t) \tag{7-14}$$

局部均值分解的算法流程图如图 7-1 所示.

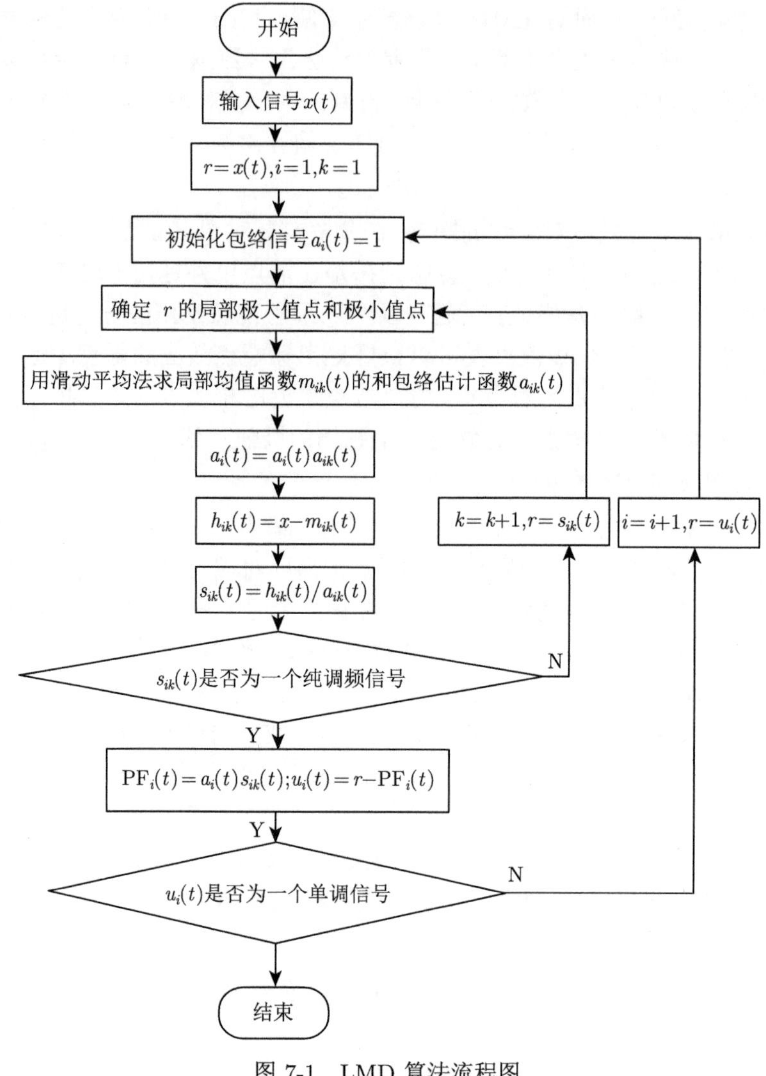

图 7-1　LMD 算法流程图

7.4　模 拟 分 析

本章利用模拟分析验证局部均值分解算法在高频数据波动率估计中的可行性. 由股价方程可知, 股票价格的变化服从对数正态分布. 通过该模型可以生成一组正态随机数, 从而对股票价格进行模拟运算.

对第 4 章随机模拟产生的 30 天以 1min 为时间间隔数据, 由图 4-4 的对数收益率变化存在非线性的特征可知, 并且对数收益率存在尖峰现象, 需要对数据进行 LMD 分解, 提取不同频率下的特征.

经 LMD 分解后的数据共得到 5 个由高频到低频的乘积分量信号 (PF) 和 1 个趋势项 (Trend), 结果如图 7-2 所示.

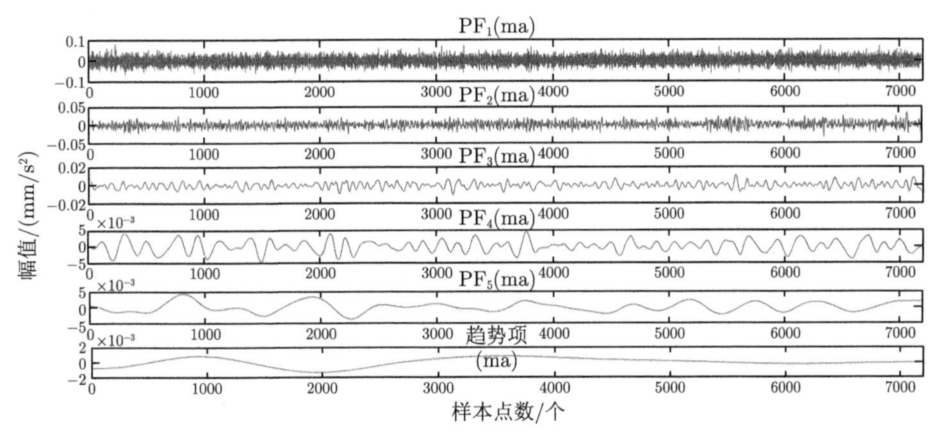

图 7-2 LMD 分解后的 $PF_1 \sim PF_5$ 以及趋势项

图 7-2 中未出现模态混叠现象, 说明分解效果很好. PF 排列由高频到低频, 最后的趋势项表现了序列在我们研究的时间段内的主要走向, 此采样频率下分解得到的趋势项是先递增又递减最后趋于平缓的.

根据分解波动率公式 (7-14), 求出分解后的波动率, 并与根据 (4-16) 式求出的日内真实波动率进行对比, 如图 7-3 所示.

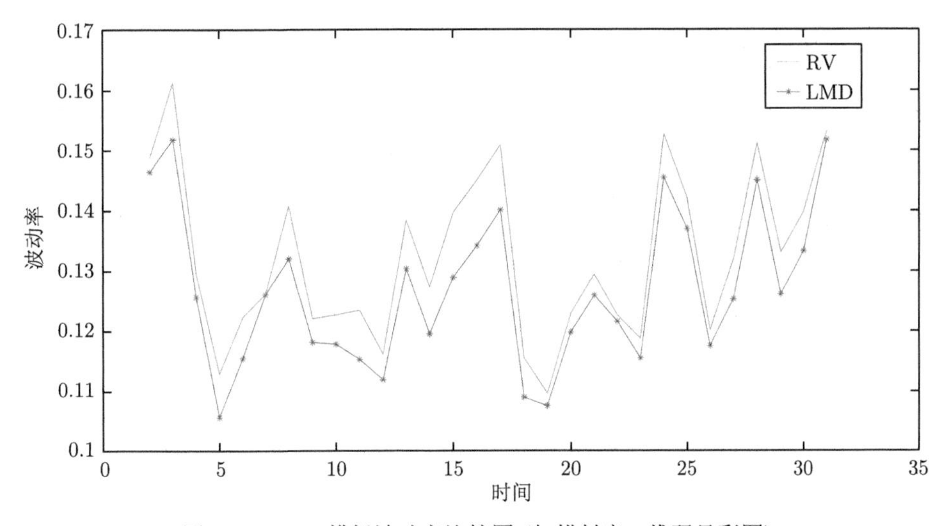

图 7-3 1min 模拟波动率比较图 (扫描封底二维码见彩图)

图 7-3 为 1min 模拟数据的已实现波动率和经 LMD 分解后估计出来的波动率的比较图, 真实波动率最高达到 0.16, 最低值为 0.11, 波动范围基本维持在 0.11~0.14, 波动幅度较大. 经 LMD 分解后波动率的趋势与真实波动率的趋势基本一致, 可知 1min 模拟数据波动率的估计效果较好, 表明 LMD 用于高频数据的波动率估计是可行有效的.

LMD 分解后波动率的平均误差为 0.0424, 误差非常小, 说明局部均值分解估计波动率的效果非常好. 为了充分体现 LMD 算法的有效性, 对 1min 模拟数据的相对误差作直方图, 如图 7-4 所示, 经 LMD 分解计算所得的相对误差全部都集中在 8%以内, 说明在进行模拟实验中, 基于 LMD 的波动率估计方法在处理股票交易高频数据的波动率时显著有效.

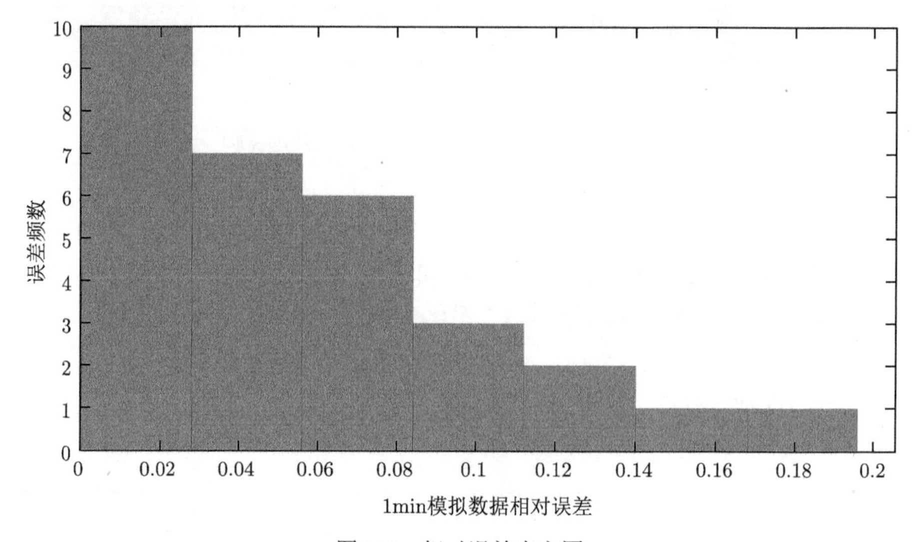

图 7-4 相对误差直方图

综上所述, 通过 LMD 对 1min 的模拟数据估计波动率, 初步断定 LMD 方法估计波动率对于处理频率高的数据更加适用、有效, 此判断将在 7.5 节和 7.6 节的实证研究部分经过检验得到证实.

7.5 多尺度分析

本章使用的实证研究数据是沪深 300 指数的抽样间隔为 1min, 5min, 15min, 30min 及 60min 的高频交易数据, 时间从 2019 年 2 月 11 日到 2019 年 4 月 30 日, 共 56 个交易日, 数据与第 4 章选取数据相同. 每个交易日以 1min, 5min, 15min, 30min 为数据抽样频率, 并获得其收盘价, 最终样本共有 13439 个沪深 300 指数

高频收益率. 价格序列记为 P_{t,d_i}, 日收益率 r_{t,d_i} 可利用两个相邻的收盘价计算:

$$r_{t,d_i} = \left(\ln\left(P_{t,d_i}\right) - \ln\left(P_{t,d_{i-1}}\right)\right) \times 100$$

其中 t 为采样天数, $t = 1, 2, \cdots, 56$, d_i 为不同抽样频率下每个交易日获得的样本个数.

波动率估计采用的具体流程如图 7-5 所示.

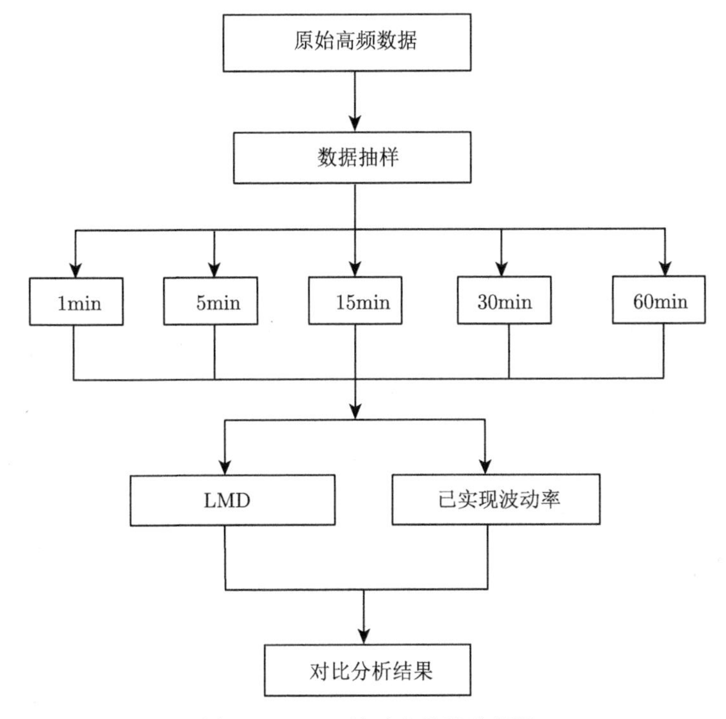

图 7-5 LMD 波动率估计流程图

沪深 300 指数的时序图 (图 4-11) 表现出强烈的日历效应, 有着明显的波动聚集和严重的尖峰现象. 其对数收益率的变化具有非线性的特征并且对数收益率存在尖峰现象, 为了提取不同频率下的数据特征, 对沪深 300 指数 1min 数据进行 LMD 分解.

对不同抽样频率的沪深 300 指数对数收益率进行 LMD 分解, 股票价格收益率被分解成多个 PF 分量和 1 个趋势项, 每个 PF 分量都包含由包络信号和纯调频信号相乘所得的非负瞬时频率, PF 分量从高频率到低频率依次排列, 通过 PF 分量可以提取股票价格的能量分布特征. 抽样间隔为 1min 的沪深 300 指数收益率的各 PF 分量如图 7-6 所示, 其趋势项代表了沪深 300 指数在该时间段的主要走势.

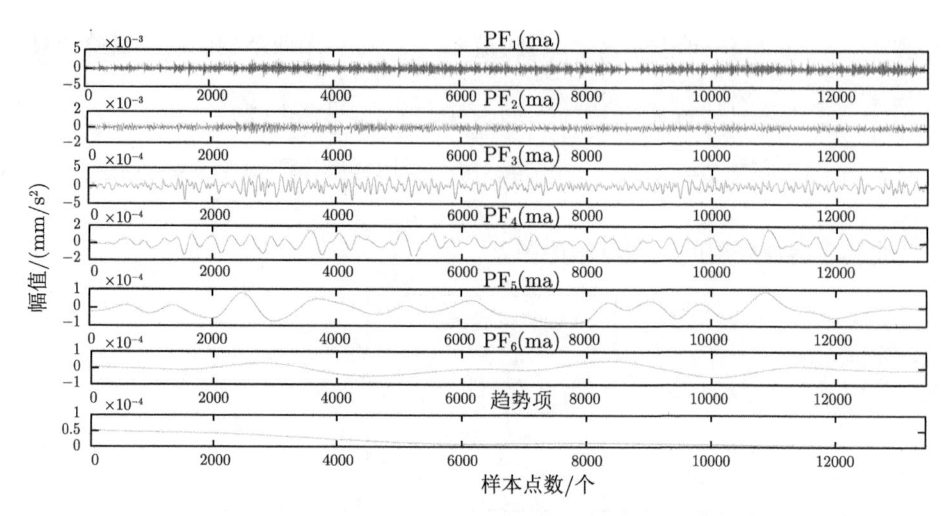

图 7-6 1min 沪深 300 指数对数收益率的 LMD 分解结果

7.5.1 各分量描述性统计分析

为了对 LMD 作用后的沪深 300 指数收益率序列有更直观的认识, 需要对每个固有模态函数分量进行描述性统计分析, 从均值、标准差、极差、偏度等方面对数据进行初步分析 (具体结果见表 7-1).

表 7-1 LMD 各分量描述性统计

变量名	均值	标准差	极差	偏度	峰度	J-B 统计量	P 值
PF_1	−2.46e−06	0.0006	0.0053	0.1366	1.5810	1442.696	< 2.2e−16
PF_2	4.48e−07	0.0002	0.0019	−0.1057	0.1252	33.8493	4.464e−08
PF_3	−7.52e−08	0.0001	0.0007	−0.2710	0.5882	358.6234	< 2.2e−16
PF_4	−2.33e−07	5.73e−05	0.0003	−0.1357	0.0374	42.0672	7.332e−10
PF_5	−5.89e−06	3.69e−05	0.0002	0.2309	−0.1625	134.1588	<2.2e−16
PF_6	−2.48e−08	2.36e−05	9.75e−05	0.0029	−0.3631	73.6977	< 2.2e−16
趋势项	1.80e−05	1.49e−05	4.83e−05	0.9327	−0.6847	2211.3967	< 2.2e−16

通过 LMD 处理, 共得到包括趋势项在内的 7 个分量. 从图 7-5 中可以看到这 7 个分量也是按高频到低频的顺序排列下来. 表 7-1 是由 LMD 作用后的 7 个分量的描述性统计分析结果. 其中 PF_1, PF_5, PF_6 和趋势项的偏度均是大于 0 的, 说明它们是重尾且右偏的; 对于 PF_2~PF_4 而言, 情况则与其他三个的恰好相反, 它们的偏度是小于零的, 这说明序列存在重尾左偏的现象. 峰度系数和 J-B 值都是检验数据是否存在尖峰现象的指标. 将显著性水平定为 $\alpha = 0.05$, 查表得到此时的临界值为 5.99, 将表 7-1 中的值与其对比可知, 这 7 个序列的 J-B 值都远远大于 5.99, 因此都存在严重的尖峰现象. 同时, 这也说明这些固有模态函数分量均不服从正态分布.

7.5.2 正态性分析

本小节需要通过绘制 Quantiles-Quantiles(Q-Q) 图对经过 LMD 处理后的这 7 个序列数据进行拟合, 从而对的各分量进行正态性检验.

与之前提到的一样, 绘制 Q-Q 图进行数据的正态性分析时, 其是否服从正态分布的标准是看数据的分布拟合最终形态大体是否可以看作一条直线, 如若不然, 则认为该数据不服从正态分布.

图 7-7 是用正态分布绘制的 $PF_1 \sim PF_4$ 的 Q-Q 图, 从图中可以明显看出, 这些数据点并没有很好地拟合到一条直线上, 不服从正态分布. 事实上, 我们对所有的分量都做了正态性检验, 结果表明 LMD 分解后的 7 个序列均不服从正态分布. 这与 7.5.1 节描述性统计分析中 J-B 检验的结果一致.

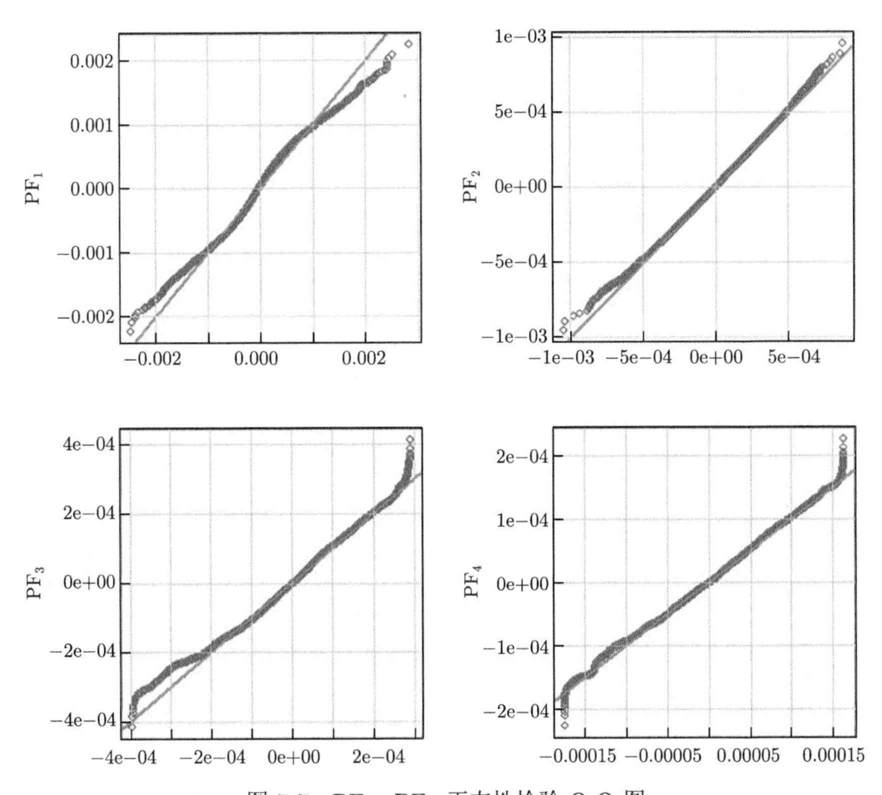

图 7-7 $PF_1 \sim PF_4$ 正态性检验 Q-Q 图

7.5.3 周期性分析

在对沪深 300 指数的对数收益率序列进行 LMD 处理后, 将继续就其周期性做进一步研究. ① 运用 MATLAB 软件编程计算出通过 LMD 处理后各 PF 分量

的极值点 (极大值点和极小值点) 的个数; ② 采用在 4.5.3 节中给出的平均周期法原理来计算各 PF 的周期性; ③ 运用公式计算并分析该序列的变化规律. 其所得结果见表 7-2.

表 7-2 LMD 分解后各 PF 周期

变量名	极大值个数	极小值个数	T	方差占比
PF_1	3773	3772	3.5619	81.08%
PF_2	786	786	17.0980	14.78%
PF_3	212	204	63.3915	2.77%
PF_4	462	459	29.0887	0.83%
PF_5	2581	2582	5.2069	0.34%
PF_6	5234	5234	2.5676	0.14%
趋势项	11838	11838	1.1352	0.06%

从表 7-2 可看出经过 LMD 方法处理后的沪深 300 指数日收盘价对数收益率各分量的周期性变化并不相同. 其中, PF_6 和趋势项的周期分别为 2.5676 和 1.1352, 大约为一天; PF_1 和 PF_5 的周期值分别为 3.5619 和 5.2069, 大约为一周; PF_2 和 PF_4 的值为 17.0980 和 29.0887, 大约为一个月; PF_3 的周期为 63.3915, 大约为两个月. 通过上述分析可得出结论：经由 LMD 方法处理的数据是按日、周和月为周期变化的.

分解后 PF 的方差占比是判断其蕴含信息程度的关键指标. 沪深 300 指数的 PF_1 方差占比较大, 说明这个序列为股票收益序列波动的主要来源, 反映了沪深 300 指数股票高频数据的短期特征; 次之的是 PF_2 方差占比较大, 反映了沪深 300 指数股票高频数据的中期特征; PF_3 后的方差占比相对较小. 结合这些序列的方差占比、周期和内在特征, 本章节将其加总后重构, 最后得到代表高频项的 PF_1, 代表中频项的 PF_2 以及代表低频项的 $PF_3 \sim R$, 对重构后的序列周期进行了研究, 计算方式与上述一致 (表 7-3).

表 7-3 LMD 分解重构后各序列周期

变量名	极大值个数	极小值个数	T
高频	3773	3772	3.5619
中频	786	786	17.0980
低频	196	193	68.5663

注：$PF_3 \sim R$ 表示 PF_3 至 PF_6 及趋势项相加得到的重构项.

从重构后的序列周期来看, 高频的平均周期为 3.5619, 大约为一周; 中频的平均周期为 17.0980, 大约为一个月; 低频的平均周期为 68.5663, 大约为一个季度. 因此, 可以认为重构后的沪深 300 指数对数收益率是按周、月和季度为周期进行变化的.

7.6 波动率估计

对分解后的固有模态函数运用公式 (7-14) 求解出分解后的部分高频乘积分量的瞬时波动率, 进而得出 1min 采样频率下的高频数据波动率.

求 1min 采样频率下的对数收益率序列的已实现波动率, 运用公式 (4-16) 对对数收益率平方求和, 最终得到每 1min 采样频率下的已实现波动率.

将上述通过局部均值分解后得到的波动率估计和已实现波动率进行对比分析, 并计算它们之间的相对误差, 对比的时序图如图 7-8 所示.

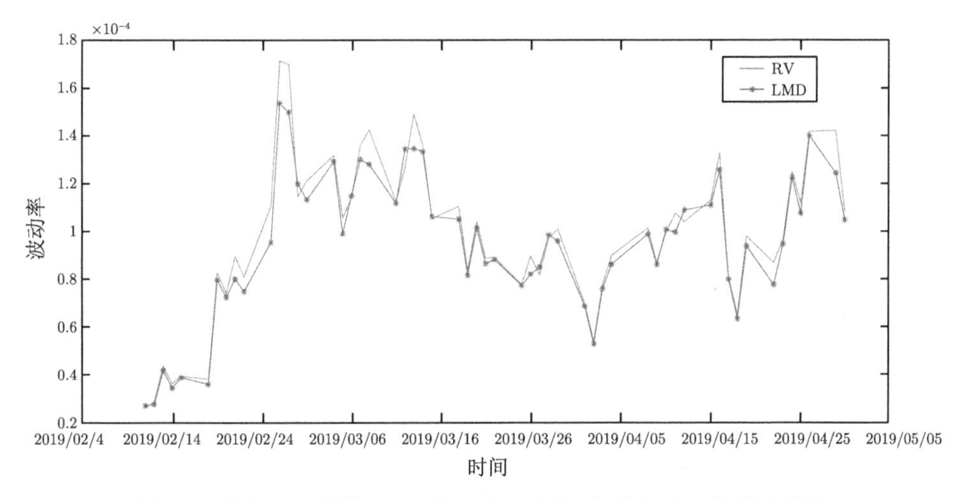

图 7-8 沪深 300 指数 1min 波动率对比图 (扫描封底二维码见彩图)

已实现波动率可以真实反映金融交易市场的波动规律, 是一种典型的金融高频数据波动率估计方法. 为了反映通过 LMD 方法进行分解后计算所得的沪深 300 指数收益率的波动率与实际波动率之间的差异程度, 本节将两种情况下波动率的走势进行对比后发现, 对比图如图 7-8 所示. 从图 7-8 可以看出, 波动范围基本维持在 0.00002~0.00012, 总体波动性较大. 新提方法求得的波动率与实际波动率之间的走势相同, 且有重叠部分, 说明本章提出的新方法估计精度高, 效果较好, 可以全面刻画外部信息对金融市场的影响.

由图 7-9 可知, 在不同抽样频率下, 基于 LMD 方法所求的波动率与实际波动率的相对误差有着显著的差异. 特别地, 对于 1min 采样间隔, 其相对误差都控制在 14%以内, 相较于 5min, 15min, 30min, 60min 采样间隔, 1min 采样间隔的相对误差最小. 抽样间隔为 1min 时, 有的相对误差都控制在 5%以内, 而抽样间隔为 5min 的估计结果次之, 有的相对误差都集中在 10%以内, 利用 LMD 方法计算的波动率与实际波动率之间的相对误差随着抽样间隔的增大而增大, 并且由直方图的尾端可知, 越来越大的极端值导致估计误差变大, 说明基于 LMD 的波动率估计对较高频金融数据做波动率估计的精度更高.

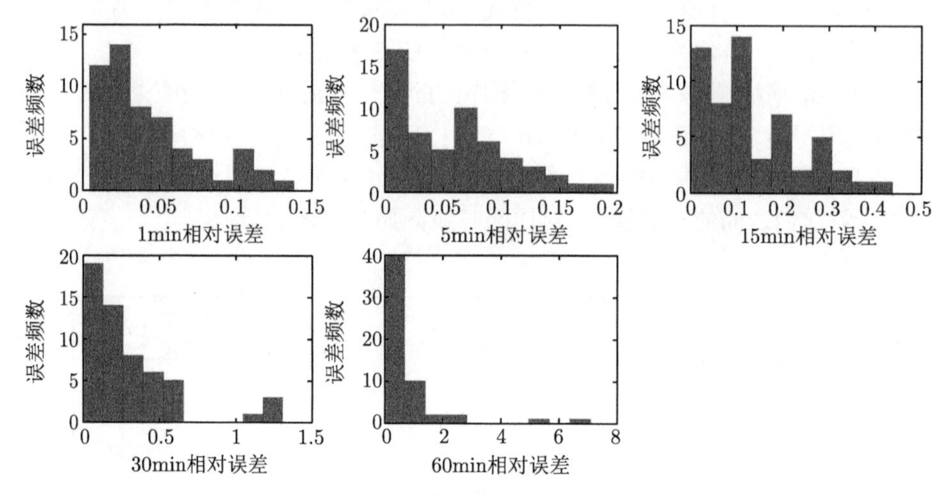

图 7-9　不同抽样频率的相对误差直方图

由表 7-4 可知, 相对误差序列的描述性统计分析显示, 利用 LMD 得到的相对误差的各均值、方差、偏度和峰度, 1min 抽样间隔的统计结果都是最小的, 且均随着抽样时间间隔的增大而增大, 特别地, 当抽样间隔为 30min 时, 相对误差的各均值、方差、偏度和峰度均成倍数增加, 由此可知基于 LMD 的波动率估计方法在处理采样频率更高更频繁的金融数据时效果更好, 尤其是对于抽样间隔为 1min 和 5min 的数据, 其相对误差均值分别为 4.43%和 5.92%. 1min 抽样间隔的峰度绝对值最小, 随着抽样间隔的增大, 相对误差的尖峰现象变得越来越明显, 由偏度均大于零可知, 其相对误差均为右偏.

表 7-4　不同抽样频率的相对误差

抽样间隔	误差范围	均值	方差	偏度	峰度	平均相对误差
1min	[0, 0.14]	0.0442	0.0291	1.1005	0.3999	0.0443
5min	[0,0.2]	0.0664	0.0592	0.8376	0.0465	0.0592
15min	[0, 0.45]	0.1455	0.1322	0.8691	0.0788	0.1322
30min	[0, 1.3]	0.2641	0.3153	1.8033	3.2762	0.3153
60min	[0, 7.07]	0.7493	1.4576	3.7252	18.0202	0.7493

为了更清楚地分析平均相对误差整体的趋势, 下面给出不同采样频率下的平均相对误差直方图, 横轴表示采样频率, 纵轴代表平均相对误差, 如图 7-10 所示.

从图 7-10 可以看出, 随着采样频率的增高, 平均相对误差越来越小. 说明通过了 LMD 估计出的波动率对于采样频率高的数据更有效.

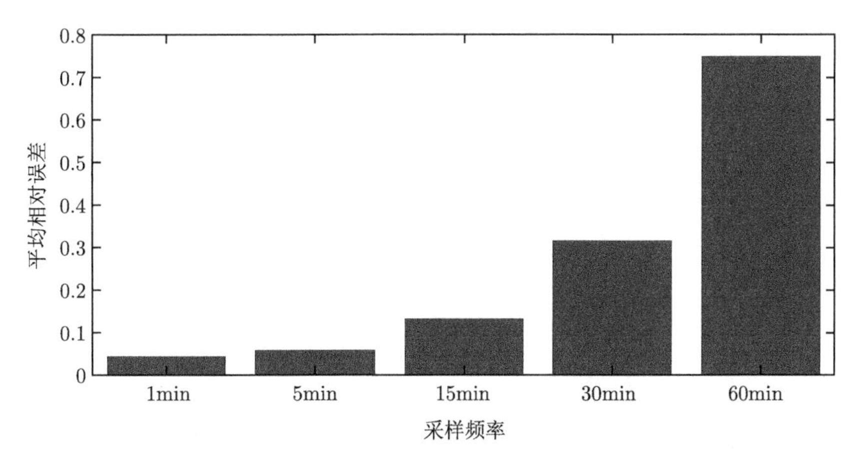

图 7-10 LMD 不同采样频率下的平均相对误差直方图

综上所述, 实证分析结果与模拟结果相一致, 更进一步地证明了 LMD 方法的有效性和可行性, 即 LMD 方法对较高频率的数据估计波动率的精确度高.

7.7 本章小结

高频数据在长记忆性和日历效应等方面的统计特性有别于低频数据, 人们可以利用高频数据探索更有价值的金融市场信息, 所以在对金融市场中的股票收益率进行波动特性的研究时, 金融高频数据能更成功地刻画金融市场价格的变化程度. 实际波动率作为一种计算简便且具有丰富内涵的金融高频数据波动率度量工具, 在没有复杂的经济计量模型下可以更直接地研究波动率的性质. 局部均值分解方法可以自适应地将时序数据分解成多个具有一定物理意义的单模态信号, 在物理工程领域得到了广泛的应用.

7.2 节详细介绍了局部均值分解的理论部分内容, 包括具体分解步骤以及详细的局部均值算法流程图.

本章剩余部分首先利用股价方程模型模拟生成采样间隔为 1min 的高频数据, 通过局部均值分解方法计算股票价格波动率, 论证了局部均值算法的可行性和有效性. 在实证部分选取不同抽样间隔的沪深 300 指数的收盘价数据, 对局部均值分解后的 1min 高频数据进行多尺度分析, 发现高频数据是按照日、周和月为周期变化, 重构后的序列周期是按照周、月和季度变化的. 并利用局部均值分解方法实现对 1min, 5min, 15min, 30min, 60min 不同抽样频率的波动率估计. 结果表明, 波动率估计精度随着抽样频率的增加逐渐提高; 局部均值分解方法为高频数据波动率非参数估计提供了新的研究思路, 并可以将该算法推广到其他高频数据分析领域, 具有较好的借鉴和应用价值.

第 8 章 基于总体局部均值分解的高频数据波动率估计

8.1 引 言

LMD 算法作为一种对信号进行自适应分解的方法, 其能够把混合的多成分信号分解为许多频率由高到低的 PF 分量, 每个 PF 分量仅包含原始信号的一个频率成分. 然而, 如果原始信号中有间歇现象或者异常干扰事件时, 原始信号中的频率通常都会低于这些突变信号, 这些干扰或者间歇情况都会使 LMD 分解过程出现模态混叠现象, 没有办法将信号的不同频率特征分解出来, 这将意味着在某一个分量中会出现两种或者两种以上的原始信号的频率成分, 导致 PF 分量不能表现出原始信号的特征信息. 由于 LMD 算法中存在模态混叠现象, 湖南大学程军圣等在 2012 年提出根据信号自身振动特征进行分解的总体局部均值分解算法. ELMD 算法首先向原信号中加入幅值系数相同的随机高斯白噪声, 高斯白噪声具有均匀污染时域与频域空间的特性, 由于异常冲击或相似频率的干扰, 原信号存在的频率等级不容易被明显分离出来, 加入白噪声后, 原信号中表征不同频率的点会附着在噪声带上相对应的频带范围内, 这使得不同频率层次的界限更为明显, 从而抑制了 LMD 算法的模态混叠现象. 本章利用 ELMD 算法对沪深 300 指数进行波动率估计, 并与实际波动率进行对比分析.

本章后面内容的结构安排如下：8.2 节对本章所应用的总体局部均值分解的基本理论进行了详细的介绍; 8.3 节介绍了基于总体局部均值分解的已实现波动率估计方式; 8.4 节利用 1min 高频模拟数据验证基于总体局部均值分解在高频估计中的可行性和有效性; 8.5 节将总体局部均值分解后的高频数据进行多尺度分析; 8.6 节将总体局部均值分解应用在计算高频数据波动率估计方面; 8.7 节对本章进行总结.

8.2 总体局部均值分解基本理论

由第 6 章可知 LMD 分解是不断迭代的过程, 如果某一分量出现模态混叠现象, 那么将会导致下一个分量也会出现该现象, 一直到分解结束. 显而易见, 模态混叠问题使得分解后的分量失去该有的实际意义, 难以准确地获得时频信息.

为了解决 LMD 算法中出现的模态混叠现象, 采用总体局部均值分解 (Ensemble Local Mean Decomposition, ELMD) 方法对信号进行处理.

ELMD 分解的主要思想是利用白噪声具有均匀地分布整个目标信号时频空间的性质. 首先, 多次在目标信号中加入不同有限幅值的白噪声; 其次, 对加入白噪声的混合信号反复地利用 LMD 进行分解, 会得到多组的 PF 分量, 使得混合信号中多个特征尺度被自动分解到白噪声所确定的与之对应的频带中, 从而减轻了模态混叠现象; 最后, 计算各 PF 分量的整体均值, 计算结果即为 ELMD 分解的结果. 由于白噪声的平均值为零, 因此计算 PF 分量平均值过程中白噪声就被抵消了. 原信号经处理后转变为一系列频率由高到低排列的 PF 分量, 每个 PF 分量都是一个纯调频信号与包络信号乘积的形式.

ELMD 算法以原信号局部极值点为驱动, 通过多次 "筛选" 与 "剥离", 将包含多分量的复杂非线性信号分解成多个单分量信号之和的形式, 每一个单分量信号都代表原信号一种振动特性, 这种自适应分解算法在处理一些多特征调制类信号时有很强的适用性.

ELMD 算法主要分解过程可通过以下进行描述[38].

(1) 首先需要设置分解的总次数 M. 向原始信号 $x(t)$ 中掺杂给定幅值的白噪声信号 $s(t)$ 得到混合信合, 即

$$y^m(t) = x(t) + n^m(t) \tag{8-1}$$

式中, $y^m(t)$ 为第 m 次加入白噪声的混合信号, $n^m(t)$ 为第 m 次加入的白噪声, m 为 LMD 分解的次数, m 的初始值为 1.

(2) 对混合信号 $y^m(t)$ 进行 LMD 分解, 可获得多组 PF 分量, 记作 $\mathrm{PF}_i^m(t)$. $\mathrm{PF}_i^m(t)$ 表示的是对信号 $y^m(t)$ 进行第 m 次 LMD 分解中产生的第 i 个 PF 分量.

(3) 假若 $m < M$, 循环 (1) 到 (2) 过程; 当 $m = M$ 时循环停止. 但是每次循环过程中加入的白噪声信号是不相同的, 最后可以分解得到 M 组 PF 分量.

(4) 计算分解获得的多组 PF 分量的总体平均值, 并将此平均值作为分解的最终结果, 即

$$\mathrm{PF}_i(t) = \frac{1}{M}\sum_{m=1}^{M} \mathrm{PF}_i^m(t) \tag{8-2}$$

式中, $i = 1, 2, 3, \cdots, N$. 如果最后共分解出 N 个分量, 那么 PF_i 表示为对每次分解后得到的第 i 个 PF 分量进行平均计算.

总体局部均值分解算法流程图如图 8-1 所示.

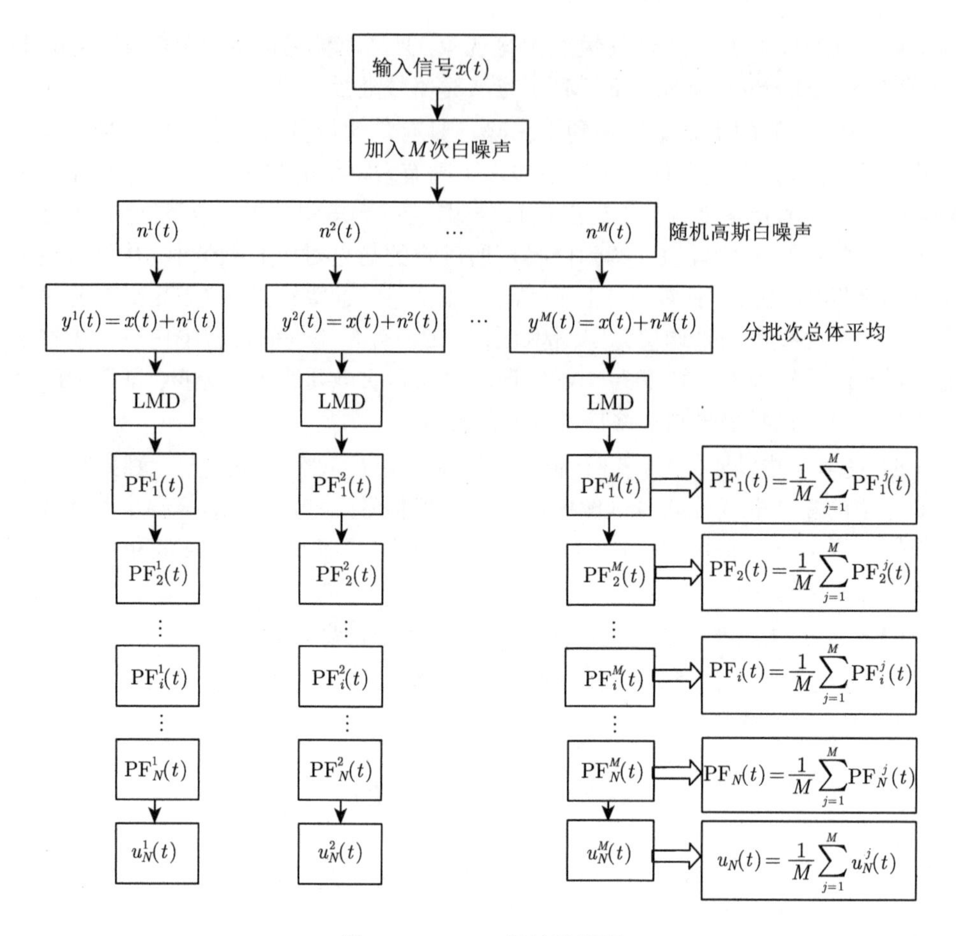

图 8-1　ELMD 算法流程图

8.3　已实现波动率估计

考察金融资产在某个交易日内的波动率. 利用局部均值分解算法对第 t 个交易日内的 m 个对数收益率进行分解, 分解后的 k 个 PF 分量由幅值函数 $\alpha(t)$ 和纯调频函数 $s(t)$ 构成, 若对 PF 分量进行希尔伯特变换, 从 PF 分量中解调出来的幅值可以反映信息的波动程度. 则第 t 个交易日的已实现波动率可表示为幅值函数的平方和:

$$\mathrm{RV}_t=\sum_{j=1}^{k}\alpha_j^2(t) \tag{8-3}$$

8.4 模拟分析

本章利用模拟分析验证总体局部均值分解算法在高频数据波动率估计中的可行性. 由股价方程可知, 股票价格的变化服从对数正态分布. 通过该模型可以生成一组正态随机数, 从而对股票价格进行模拟运算.

对第 4 章随机模拟产生的 30 天以 1min 为时间间隔数据, 图 4-4 对数收益率变化存在非线性的特征, 并且对数收益率存在尖峰现象, 需要对数据进行 ELMD 分解, 提取不同频率下的特征.

经 ELMD 分解后的数据共得到 6 个由高频到低频的乘积分量信号 (PF) 和 1 个趋势项 (Trend), 结果如图 8-2 所示.

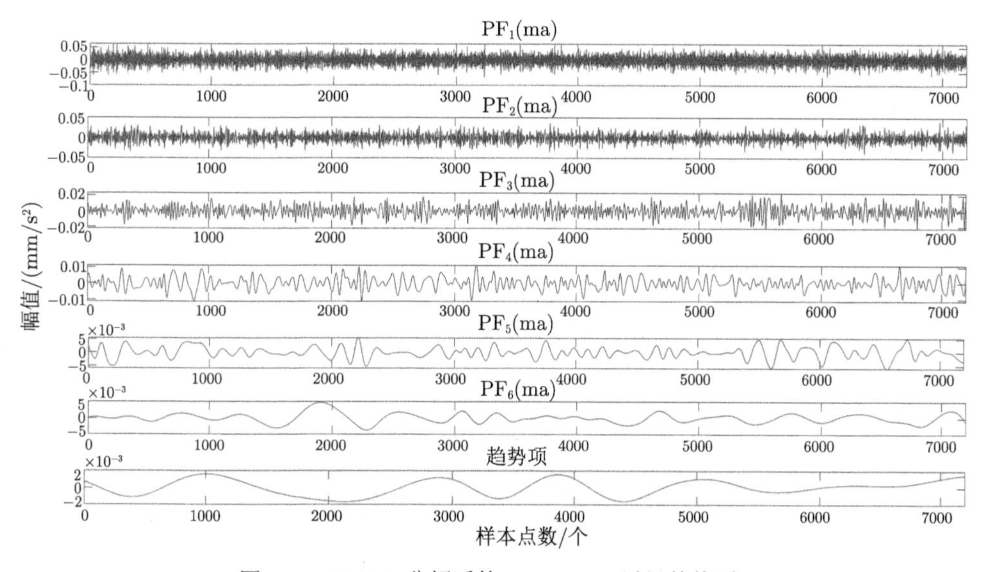

图 8-2 ELMD 分解后的 $PF_1 \sim PF_6$ 以及趋势项

图 8-2 中未出现模态混叠现象, 说明分解效果很好. PF 排列由高频到低频, 最后的趋势项表现了序列在我们研究的时间段内的主要走向.

根据分解波动率公式 (8-3), 求出分解后的波动率, 并与根据 (4-16) 式求出的日内真实波动率进行对比, 如图 8-3 所示.

图 8-3 为 1min 模拟数据的已实现波动率和经 ELMD 分解后估计出来的波动率的比较图, 真实波动率最高达到 0.1514, 最低值为 0.095, 波动范围基本维持在 0.1~0.15, 波动幅度较大. 经 ELMD 分解后波动率的趋势与真实波动率的趋势基本一致, 可知 1min 模拟数据波动率的估计效果较好, 表明 ELMD 用于高频数据的波动率估计是可行有效的.

ELMD 分解后波动率的平均误差为 0.0612, 误差非常小, 说明总体局部均值分解估计波动率的效果非常好. 为了充分体现 ELMD 算法的有效性, 对 1min 模拟数据的相对误差作直方图, 如图 8-4 所示, 经 ELMD 分解计算所得的相对误差全部都集中在 6%以内, 说明在进行模拟实验中, 基于 ELMD 的波动率估计方法在处理股票交易高频数据的波动率时显著有效.

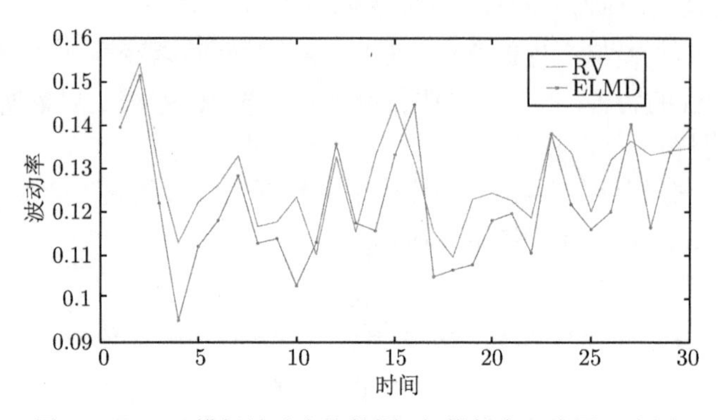

图 8-3 1min 模拟波动率比较图 (扫描封底二维码见彩图)

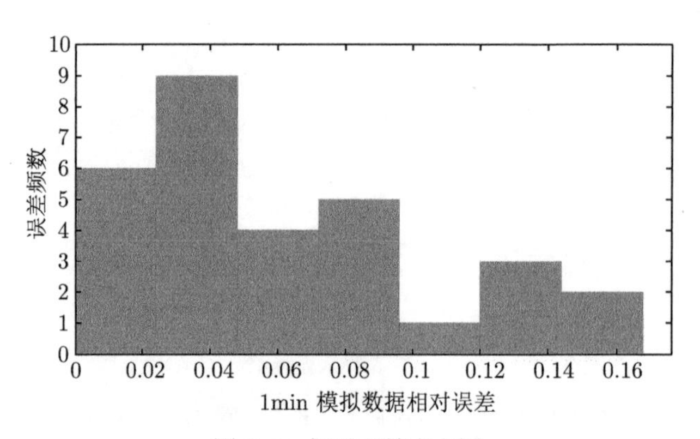

图 8-4 相对误差直方图

综上所述, 通过 ELMD 对 1min 的模拟数据估计波动率, 初步断定 ELMD 方法估计波动率对于处理频率高的数据更加适用、有效, 此判断将在 8.6 节的实证研究部分经过检验得到证实.

8.5 多尺度分析

本节使用的实证研究数据是沪深 300 股指期权的抽样间隔为 1min, 5min, 15min 及 30min 的高频交易数据, 时间从 2019 年 2 月 11 日到 2019 年 4 月

30 日, 共 56 个交易日, 数据与第 4 章选取数据相同. 每个交易日以 1min, 5min, 15min, 30min 为数据抽样频率, 并获得其收盘价, 最终样本共有 13439 个沪深 300 指数高频收益率. 价格序列记为 P_{t,d_i}, 日收益率 r_{t,d_i} 可利用两个相邻的收盘价计算:

$$r_{t,d_i} = \left(\ln\left(P_{t,d_i}\right) - \ln\left(P_{t,d_{i-1}}\right)\right) \times 100$$

其中 t 为采样天数, $t = 1, 2, \cdots, 56$, d_i 为不同抽样频率下每个交易日获得的样本个数.

波动率估计采用的具体流程如图 8-5 所示.

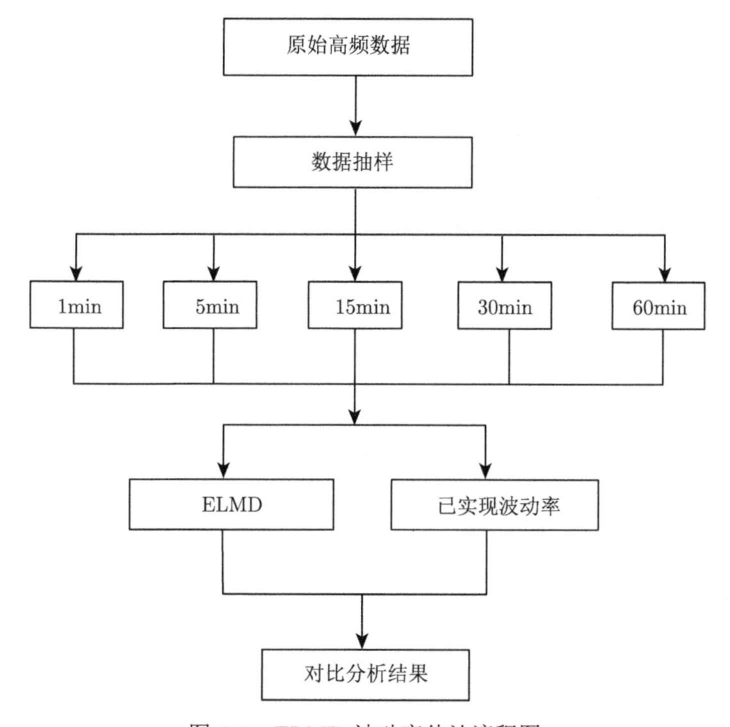

图 8-5 ELMD 波动率估计流程图

沪深 300 指数的时序图 (图 4-11) 表现出强烈的日历效应, 有着明显的波动聚集和严重的尖峰现象. 其对数收益率的变化具有非线性的特征并且对数收益率存在尖峰现象, 为了提取不同频率下的数据特征, 对沪深 300 指数 1min 数据进行 ELMD 分解.

对不同抽样频率的沪深 300 指数收益率进行 ELMD 分解, 股票价格收益率被分解成 7 个 PF 分量和 1 个趋势项, 每个 PF 分量都包含由包络信号和纯调频信号相乘所得的非负瞬时频率, PF 分量从高频率到低频率依次排列, 通过 PF 分量可以提取股票价格的能量分布特征. 抽样间隔为 1min 的沪深 300 指数收益率的各 PF 分量如图 8-6 和图 8-7 所示, 其趋势项代表了沪深 300 指数在该时间段的主要走势.

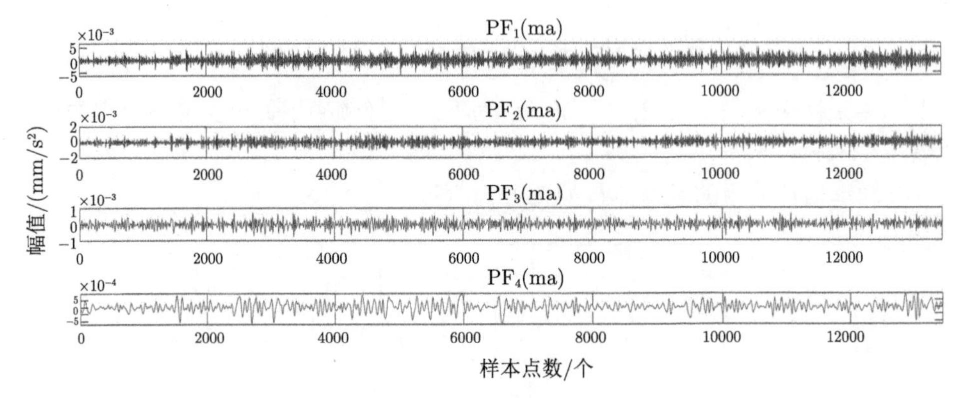

图 8-6　1min 沪深 300 指数 ELMD 分解后的 $PF_1 \sim PF_4$

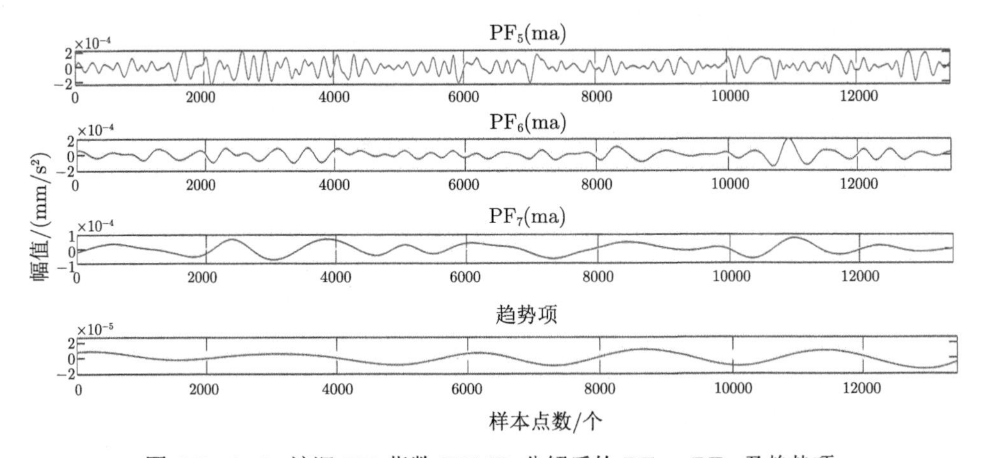

图 8-7　1min 沪深 300 指数 ELMD 分解后的 $PF_5 \sim PF_7$ 及趋势项

8.5.1　各分量描述性统计分析

为了对 ELMD 作用后的沪深 300 指数收益率序列有更直观的认识, 需要对每个固有模态函数分量进行描述性统计分析, 从均值、标准差、极差、偏度等方面对数据进行初步分析 (具体结果见表 8-1).

通过 ELMD 处理, 共得到包括趋势项在内的 8 个分量. 从图 8-6 和图 8-7 中可以看到这 8 个分量也是按高频到低频的顺序排列下来. 表 8-1 是由 ELMD 作用后的 8 个分量的描述性统计分析结果. 其中 PF_1, PF_2, PF_6 和趋势项的偏度均是大于 0 的, 说明它们是重尾且右偏的; 对于 $PF_3 \sim PF_5$ 和 PF_7 而言, 情况则与其他三个的恰好相反, 它们的偏度是小于零的, 这说明序列存在重尾左偏的现象. 峰度系数和 J-B 值都是检验数据是否存在尖峰现象的指标. 将显著性水平定为 $\alpha = 0.05$, 查表得到此时的临界值为 5.99, 将表 8-1 中的值与其对比可知, 这 7 个序列的 J-B 值都远远大于 5.99, 因此都存在严重的尖峰现象. 同时, 这也说明这些固有模态函数分量均不服从正态分布.

表 8-1 ELMD 各分量描述性统计

变量名	均值	标准差	极差	偏度	峰度	J-B 统计量	P 值
PF_1	−2.32e−06	0.0005	0.0053	0.0552	1.6523	1536.8149	< 2.2e−16
PF_2	−2.89e−07	0.0003	0.0028	0.0175	0.5431	166.1818	< 2.2e−16
PF_3	9.64e−07	0.0002	0.0012	−0.0726	0.0820	15.5965	0.0004
PF_4	−1.09e−06	0.0001	0.0007	−0.1705	0.3862	148.8596	7.332e−10
PF_5	2.57e−06	6.13e−05	0.0004	−0.1436	0.2209	73.6800	< 2.2e−16
PF_6	1.73e-06	3.91e−05	0.0003	0.0358	0.6224	220.1720	< 2.2e−16
PF_7	1.87e−06	2.95e−05	0.0001	−0.2301	−0.5559	291.3723	< 2.2e−16
趋势项	2.29e−06	9.04e−06	3.75e−05	0.0500	−0.5130	152.7781	< 2.2e−16

8.5.2 正态性分析

本小节需要通过绘制 Quantiles-Quantiles(Q-Q) 图对经过 ELMD 处理后的这 8 个序列数据进行拟合, 从而对各分量进行正态性检验.

与之前提到的一样, 绘制 Q-Q 图进行数据的正态性分析时, 其是否服从正态分布的标准是看数据的分布拟合最终形态大体是否可以看作一条直线, 如若不然, 则认为该数据不服从正态分布.

图 8-8 是用正态分布绘制的 $PF_1 \sim PF_4$ 的 Q-Q 图, 从图中可以明显看出, 这些数据点并没有很好地拟合到一条直线上, 不服从正态分布. 事实上, 我们对所有的分量都做了正态性检验, 结果表明 ELMD 分解后的 8 个序列均不服从正态分布. 这与 8.5.1 节描述性统计分析中 J-B 检验的结果一致.

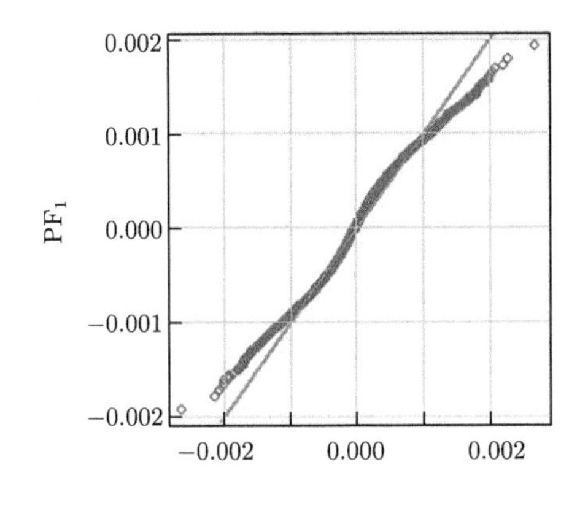

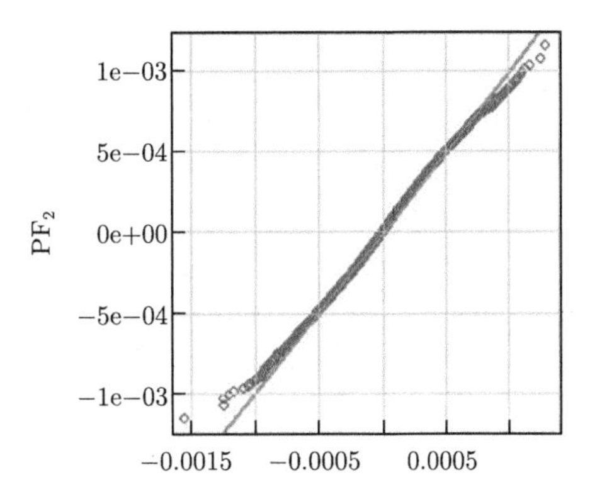

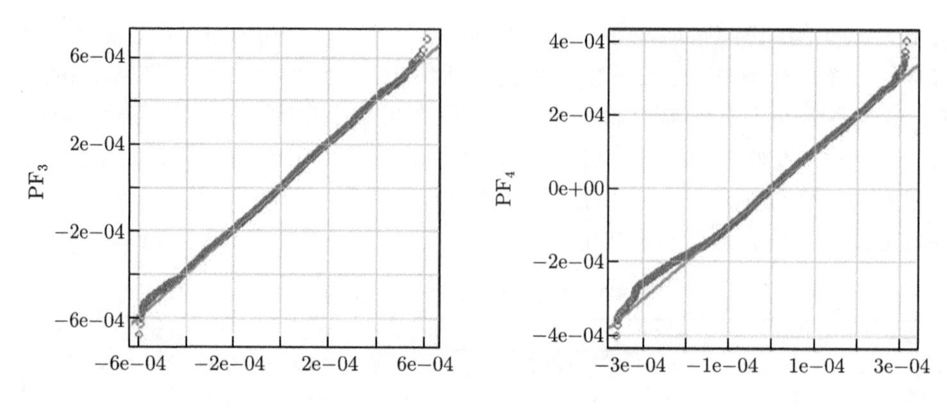

图 8-8 PF_1～PF_4 正态性检验 Q-Q 图

8.5.3 周期性分析

在对沪深 300 指数的对数收益率序列进行 ELMD 处理后, 将继续就其周期性做进一步的研究. ① 运用 MATLAB 软件编程计算出通过 ELMD 处理后各 PF 分量的极值点 (极大值点和极小值点) 的个数; ② 采用在 4.5.3 节中给出的平均周期法原理来计算各 PF 的周期性; ③ 运用公式计算并分析该序列的变化规律. 其所得结果见表 8-2.

表 8-2 ELMD 分解后各 PF 周期

变量名	极大值个数	极小值个数	T	方差占比
PF_1	4213	4212	3.1899	63.78%
PF_2	1514	1514	8.8765	23.52%
PF_3	565	565	23.7858	8.25%
PF_4	246	238	54.6301	2.66%
PF_5	249	248	53.9719	1.09%
PF_6	848	845	15.8479	0.45%
PF_7	3257	3257	4.1262	0.22%
趋势项	5189	5188	2.5899	0.03%

从表 8-2 可看出经过 ELMD 方法处理后的沪深 300 指数日收盘价对数收益率各分量的周期性变化并不相同. 其中, 趋势项的周期分别为 2.5899, 大约为一天; PF_1, PF_2, PF_7 的周期分别为 3.1899, 8.8765, 4.1262, 大约为一周; PF_3, PF_6 的周期为 23.7858, 15.8479, 大约为一个月; PF_4, PF_5 的周期分别为 54.6301, 53.9719, 大约为两个月. 通过上述分析可得出结论：经由 ELMD 方法处理的数据是按日、周和月为周期变化的.

分解后 PF 的方差占比是判断其蕴含信息程度的关键指标. 沪深 300 指数的 PF_1 和 PF_2 方差占比较大, 说明这个序列为股票收益序列波动的主要来源, 反映了沪深 300 指数股票高频数据的短期特征; 次之的是 PF_3 和 PF_4 方差占比较大, 反映了沪深 300 指数股票高频数据的中期特征; PF_5 后的方差占比相对较小. 结合这些序列的方差占比、周期和内在特征, 本章节将其加总后重构, 最后得到代表高频项的 PF_1, PF_2, 代表中频项的 PF_3, PF_4 以及代表低频项的 $PF_5\sim R$, 对重构后的序列周期进行了研究, 计算方式与表 8-2 一致 (表 8-3).

表 8-3 ELMD 分解重构后各序列周期

变量名	极大值个数	极小值个数	T
高频	3736	3736	3.5972
中频	534	535	25.1667
低频	212	213	63.3915

注: $PF_5\sim R$ 表示 PF_5 至 PF_7 及趋势项相加得到的重构项.

从重构后的序列周期来看, 高频的平均周期为 3.5972, 大约为一周; 中频的平均周期为 25.1667, 大约为一个月; 低频的平均周期为 63.3915, 大约为两个月; 因此, 可以认为重构后的沪深 300 指数对数收益率是按周、月为周期进行变化的.

8.6 波动率估计

对分解后的固有模态函数运用公式 (8-3) 求解出分解后的部分高频乘积分量的瞬时波动率, 进而得出 1min 采样频率下的高频数据波动率.

求 1min 采样频率下的对数收益率序列的已实现波动率, 运用公式 (4-16) 对对数收益率平方求和, 最终得到每 1min 采样频率下的已实现波动率.

将上述通过总体局部均值分解后得到的波动率估计和已实现波动率进行对比分析, 并计算它们之间的相对误差, 对比的时序图如图 8-9 所示.

已实现波动率可以真实反映金融交易市场的波动规律, 是一种典型的金融高频数据波动率估计方法. 为了反映通过 ELMD 方法进行分解后计算所得的沪深 300 指数收益率的波动率与实际波动率之间的差异程度, 本节将两种情况下波动率的走势进行对比. 从对比图 8-9 可以看出, 波动范围基本维持在 0.00002~0.00014, 总体波动性较大. 通过 ELMD 估计得到的波动率与实际波动率的走势相同, 说明 ELMD 估计精度高, 刻画外部信息对金融市场影响的效果好.

由图 8-10 可知, 在不同抽样频率下, 基于 ELMD 方法所求的波动率与实际波动率的相对误差有着显著的差异. 特别地, 对于 1min 和 5min 的采样间隔, 其相对误差都控制在 30%以内, 相较于 15min, 30min, 60min 采样间隔, 1min 和 5min 采样间隔的相对误差最小. 利用 ELMD 方法计算的波动率与实际波动率之间的相对误差随着抽样间隔的增大而增大, 并且由直方图的尾端可知, 越来越大的极端值导致估计误差变大, 说明基于 ELMD 的波动率估计对较高频金融数据做波动率估计的精度更高.

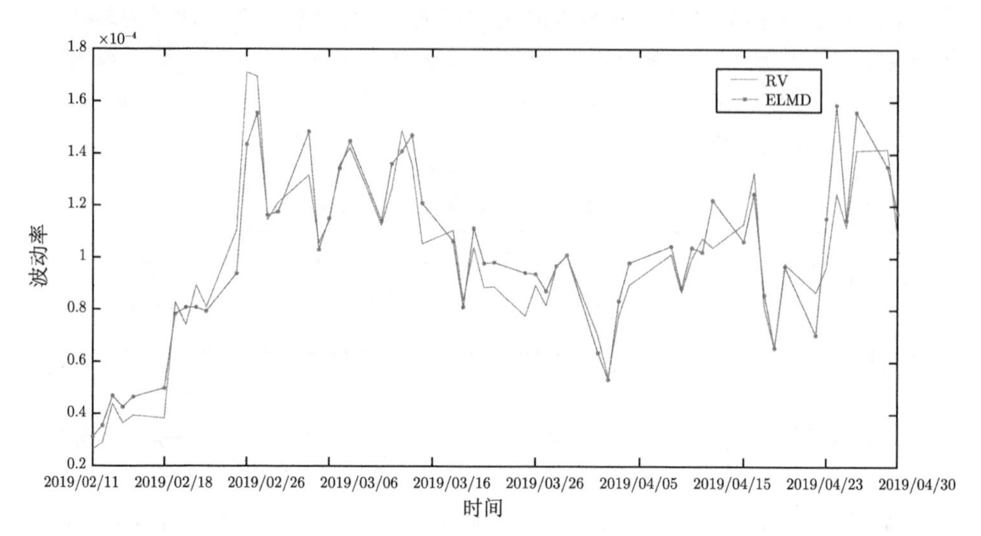

图 8-9 沪深 300 指数 1min 波动率对比图 (扫描封底二维码见彩图)

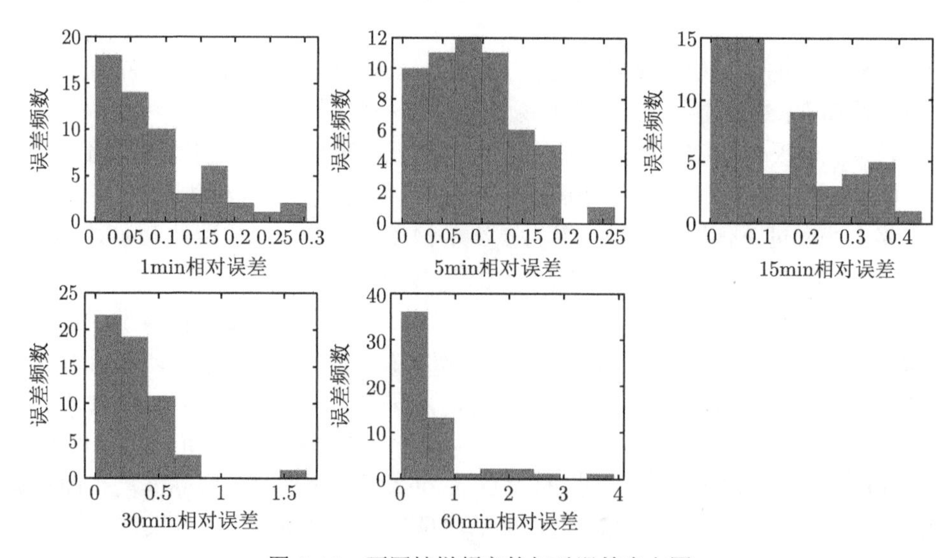

图 8-10 不同抽样频率的相对误差直方图

通过 ELMD 得到的不同抽样间隔下的平均相对误差显示, 1min, 5min 和 15min 抽样间隔的平均相对误差都很小, 随着抽样时间间隔的增大, 平均相对误差相应增大, 特别地, 当抽样间隔为 60min 时, 平均相对误差最大为 0.5852, 由此可知基于 ELMD 的波动率估计方法在处理更高更频繁采样频率的金融数据时效

果更好 (表 8-4).

表 8-4 不同抽样频率的相对误差

抽样间隔	平均相对误差
1min	0.0851
5min	0.0888
15min	0.1453
30min	0.3095
60min	0.5852

为了更清楚地分析平均相对误差整体的趋势, 下面给出不同采样频率下的平均相对误差直方图, 横轴表示采样频率, 纵轴代表平均相对误差, 如图 8-11 所示.

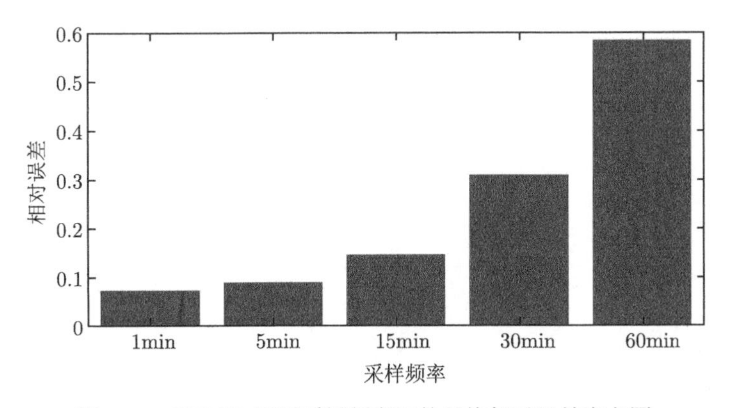

图 8-11 ELMD 不同采样频率下的平均相对误差直方图

从图 8-11 可以看出, 随着采样频率的增高, 平均相对误差越来越小. 说明通过了 ELMD 估计出的波动率对于采样频率高的数据更有效.

综上所述, 实证分析结果与模拟结果相一致, 更进一步地证明了 ELMD 方法的有效性和可行性, 即 ELMD 方法对较高频率的数据估计波动率的精确度高.

8.7 本 章 小 结

ELMD 算法以原信号局部极值点为驱动, 通过多次 "筛选" 与 "剥离", 将包含多分量的复杂非线性信号分解成多个单分量信号之和的形式, 每一个单分量信号都代表原信号一种振动特性, 这种自适应分解算法在处理一些多特征调制类信号时有很强的适用性.

8.2 节详细介绍了总体局部均值分解的理论部分内容, 包括具体分解步骤以及详细的总体局部均值分解算法流程图.

本章剩余部分首先利用股价方程模型模拟生成采样间隔为 1min 的高频数据, 通过总体局部均值分解方法计算股票价格波动率, 论证了总体局部均值分解的可行性和有效性. 在实证部分选取不同抽样间隔的沪深 300 指数的收盘价数据, 并利用总体局部均值分解方法对 1min 高频数据进行多尺度分析, 发现股票数据周期是按照日、周、月为周期变化的, 重构后的序列周期是按照周、月变化的, 并实现不同抽样频率的波动率估计. 结果表明, 波动率估计精度随着抽样频率的增加逐渐提高; 总体局部均值分解方法为高频数据波动率非参数估计提供了新的研究思路, 并可以将该算法推广到其他高频数据分析领域, 具有较好的借鉴和应用价值.

第 9 章　基于自适应分解方法高频数据波动率估计的比较分析

9.1　引　　言

波动率在统计学上是用来描述标的资产投资回报率变化程度的, 它被用来衡量资产的风险性. 表现到具体的金融市场, 指的是金融产品或者证券组合价格走势的不确定性, 同样也用来度量股票市场的风险. 金融资产收益波动率的估计和预测一直以来都是金融计量研究的核心问题, 尤其是在金融波动频发、世界各国之间的经济活动联系紧密、相互依存的今天, 波动性作为度量金融风险大小的一种重要指标, 它可以反映金融市场中存在的不确定性和风险性等重要特征, 是体现金融市场体系质量的有效指标. 第 4~8 章分别分析了经验模态分解算法、整体经验模态分解算法、基于自适应噪声的完备经验模态分解算法、局部均值分解算法以及总体局部均值分解算法在高频数据波动率估计方面的应用. 本章在此基础上进一步进行各类模型的波动率估计能力比较分析.

本章以沪深 300 指数的高频数据为研究对象, 采用时序图、相对误差直方图以及平均误差对比图, 深入比较在第 4~8 章应用的五种算法的波动率估计能力. 本章的主要目的是通过科学的比较方法, 寻找出最适合估计中国股市波动率的模型.

本章结构安排如下: 9.2 节通过时序图、相对误差直方图以及平均误差对比图对中国股市波动率的估计能力进行比较分析; 9.3 节对本章节内容进行总结.

9.2　实 证 分 析

本章继续选取日期为 2019 年 2 月 11 日到 2019 年 4 月 30 日的沪深 300 指数作为研究对象, 分析变量为证券每天的收盘价格, 时间间隔为 1min, 共 56 个交易日, 最终样本共有 13439 个沪深 300 指数高频收益率.

波动率估计比较分析采用的具体流程如图 9-1 所示.

求 1min 采样频率下的对数收益率序列的已实现波动率, 运用公式 (4-16) 对对数收益率平方求和, 最终得到每 1min 采样频率下的已实现波动率.

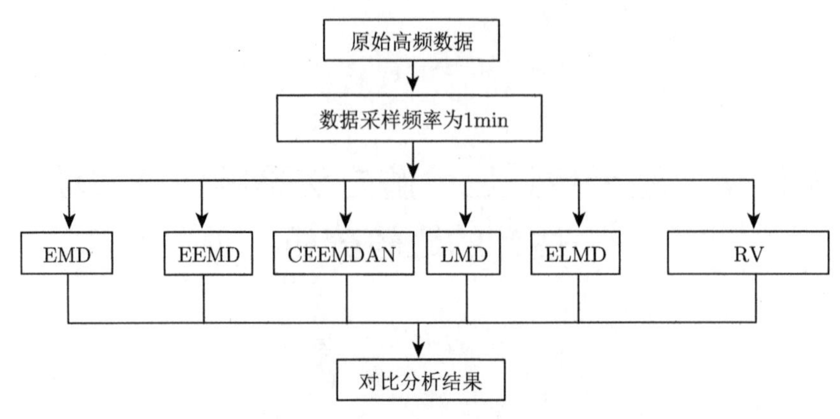

图 9-1　波动率估计比较流程图

将上述通过经验模态分解、整体经验模态分解、基于自适应噪声的完备经验模态分解、局部均值分解以及总体局部均值分解后得到的波动率估计和已实现波动率进行对比分析, 并计算它们之间的相对误差, 对比的时序图如图 9-2 所示.

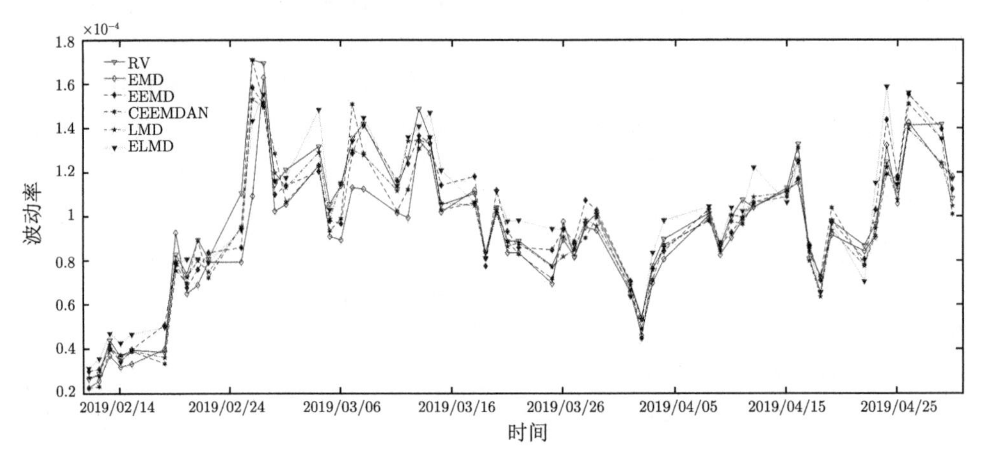

图 9-2　沪深 300 指数 1min 五种算法波动率对比图

为了反映通过 EMD,EEMD,CEEMDAN,LMD,ELMD 五种方法进行分解后计算所得的沪深 300 指数收益率的波动率与实际波动率之间的差异程度, 本章将五种算法与真实波动率的走势进行对比, 对比图如图 9-2 所示. 从图 9-2 可以看出, 波动范围基本维持在 0.00002~0.00016, 总体波动性较大. LMD 方法求得的波动率与实际波动率之间的趋势一致, 且有重叠部分, CEEMDAN 和 ELMD 在波峰和波谷估计效果较好, 比 EEMD 算法更接近于真实波动率曲线, EMD 算法在波动幅度小的时候, 估计较为准确, 当波动幅度较大时, 估计效果较差. 说明 LMD

方法在 1min 时估计精度高, 效果最好. 为了更直观地比较不同自适应分解算法估计高频波动率的效果, 绘制了 1min 相对误差直方图 (图 9-3).

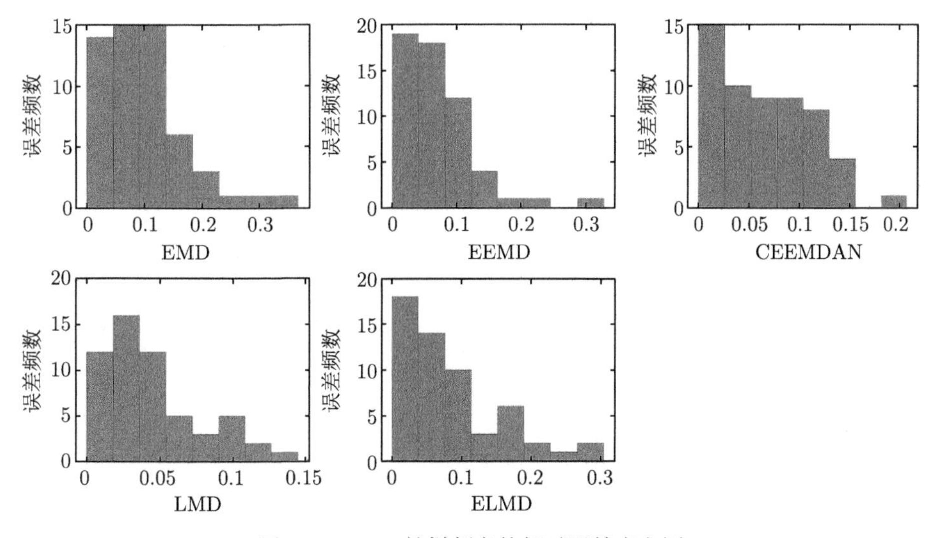

图 9-3 1min 抽样频率的相对误差直方图

由图 9-3 可知, 基于不同算法所求的波动率与实际波动率的相对误差有着显著的差异. 由第 4~8 章可知, EMD, EEMD, CEEMDAN, LMD, ELMD 算法对采样频率高的数据估计效果越好, 所以选取采样频率为 1min 的高频数据进行了对比. 特别地, 对于 1min 采样间隔, EMD 算法的相对误差都控制在 36%以内, 有 63%的相对误差都控制在 [0,0.1] 以内; 对于 1min 采样间隔, EEMD 算法的相对误差都控制在 32%以内, 有 79%的相对误差都控制在 [0,0.1] 以内; 对于 1min 采样间隔, CEEMDAN 算法的相对误差都控制在 20%以内, 有 73.2%的相对误差都控制在 [0,0.1] 以内; 对于 1min 采样间隔, LMD 算法的相对误差都控制在 14%以内, 有 88%的相对误差都控制在 [0,0.1] 以内; 对于 1min 采样间隔, ELMD 算法的相对误差都控制在 30%以内, 有 75%的相对误差都控制在 [0,0.1] 以内. 由直方图的尾端可知, EMD, EEMD 算法存在极端值, 越来越大的极端值导致估计误差变大. 综上所述, 基于 LMD 的波动率估计对较高频金融数据做波动率估计的精度更高.

1min 相对误差序列的描述性统计分析显示 (表 9-1), 利用 LMD 得到的相对误差的各均值、标准差、偏度以及极差统计结果都是最小的, CEEMDAN 的峰度最小, 并且 LMD 算法的误差范围相对 EMD, EEMD, CEEMDAN 和 ELMD 很小, 说明 EMD, EEMD, CEEMDAN 和 ELMD 中存在极差值; 从表中还可以看出, EEMD 的偏度和峰度是最大的, 说明其尖峰现象明显; 由 EMD, EEMD, CEEM-

DAN, LMD 和 ELMD 的偏度大于零可知其相对误差为右偏. LMD 在 1min 的抽样频率下对波动率的估计效果更好, 其次是 CEEMDAN, 最差的为 EMD.

表 9-1 1min 抽样频率的相对误差描述性统计分析

自适应分解算法	误差范围	均值	标准差	偏度	峰度	极差
EMD	$[0, 0.36]$	0.0958	0.0732	1.2269	4.9972	0.3603
EEMD	$[0, 0.32]$	0.0714	0.0574	1.8668	8.3168	0.3210
CEEMDAN	$[0, 0.20]$	0.0664	0.0467	0.4729	2.6501	0.2021
LMD	$[-0.06, 0.14]$	0.0348	0.0437	0.2499	2.9844	0.2004
ELMD	$[0, 0.30]$	0.0851	0.0722	1.0624	3.4755	0.2982

为了更清楚地分析平均相对误差整体的趋势, 下面给出不同采样频率下的五种算法的平均相对误差直方图, 横轴表示采样频率, 纵轴代表平均相对误差, 如图 9-4 所示.

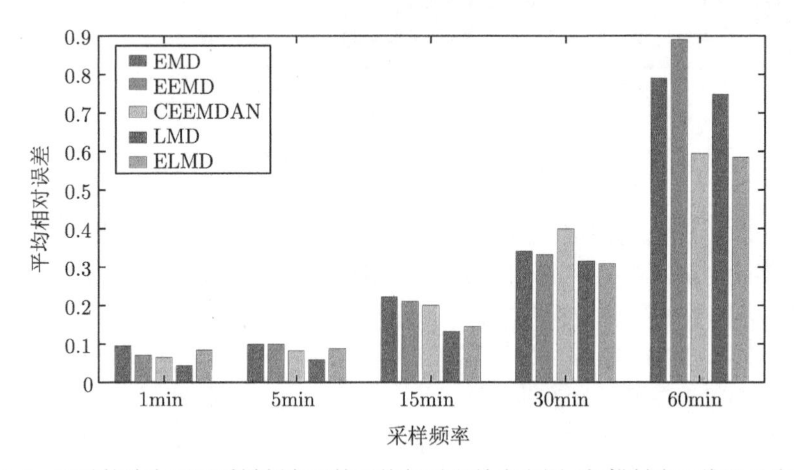

图 9-4 五种算法在不同采样频率下的平均相对误差直方图 (扫描封底二维码见彩图)

从图 9-4 可以看出, 对于每一种算法, 随着采样频率的增高, 平均相对误差越来越小. 但是对于同一种采样频率, 在 1min, 5min, 15min 时, LMD 对波动率的估计能力为最优, 在 30min 和 60min 时, ELMD 对波动率的估计能力为最优. 说明 LMD 估计出的波动率对于采样频率高的数据更有效. 而 ELMD 对采样频率低的数据更有效. CEEMDAN 在 1min, 5min, 15min 时, 波动率估计的平均相对误差都要低于 EEMD 和 EMD.

综上所述, 通过五种算法的平均相对误差比较, 进一步地证明了 LMD 方法对较高频率的数据估计波动率的精确度最高, 而 ELMD 对采样频率低的数据精确度最高.

9.3 本章小结

本章将第 4 章介绍的经验模态分解算法、第 5 章介绍的整体经验模态分解算法、第 6 章介绍的基于自适应噪声的完备经验模态分解、第 7 章介绍的局部均值分解算法以及第 8 章介绍的总体局部均值分解应用于中国股票市场的波动率估计研究, 并进行了对比. 本章以 2019 年 2 月 11 日到 2019 年 4 月 30 日的沪深 300 指数 1min 的高频数据作为研究对象, 采用时序图对比、平均相对误差直方图对比等科学的方法, 全面系统地比较了各类算法的估计能力.

9.2 节通过经验模态分解、整体经验模态分解、基于自适应噪声的完备经验模态分解、局部均值分解以及总体局部均值分解后得到的波动率估计和已实现波动率进行对比分析, 并计算它们之间的相对误差, 画出波动率估计时序图, 直观地对这五种算法进行了比较; 根据第 4~8 章可知, 随着采样频率的增高, 平均相对误差越来越小. 因此, 我们选取了采样频率为 1min 的高频数据, 对五种算法的相对误差做直方图比较, 并且做了相应的描述性统计分析; 除此之外, 为了更清楚地分析平均相对误差整体的趋势, 给出不同采样频率下的五种算法的平均相对误差直方图. 实证分析结果显示: 第一, LMD 方法求得的波动率与实际波动率之间的趋势一致, 且有重叠部分, 比其他算法更接近于真实波动率曲线; 第二, 利用 LMD 得到的相对误差的各均值、方差、偏度、峰度以及平均相对误差统计结果都是最小的; 第三, 对于每一种算法, 随着采样频率的增高, 平均相对误差越来越小; 第四, LMD 方法对较高频率的数据估计波动率的精确度最高, 而 ELMD 对采样频率低的数据精确度最高. 因此, 在所有算法中, 当采样频率为高频时, 最为适用于中国股市波动预测的算法为局部均值分解算法. 而当采样频率为低频时, 适用于中国股市波动预测的算法为总体局部均值分解算法.

第 10 章 总结与展望

10.1 总　　结

本书在总结诸多国内外相关文献、跟踪学界最新研究动态的基础上, 针对金融高频数据波动率的估计问题, 借鉴小波变换思想, 首次利用自适应分解方法实现高频数据波动率估计, 使用包含着丰富信息的日内高频数据, 全面、综合地探讨了中国股市的波动动态特征, 寻找最适合中国股市的波动率估计的自适应分解算法. 具体而言, 以 2019 年 2 月 11 日到 2019 年 4 月 30 日的沪深 300 指数 1min 的日收盘高频数据作为研究对象, 运用经验模态分解 (EMD)、整体经验模态分解 (EEMD)、基于自适应噪声的完备经验模态分解 (CEEMDAN)、局部均值分解 (LMD) 以及总体局部均值分解 (ELMD) 与作为真实波动率的已实现波动率 (RV) 进行了模型估计、多尺度分析以及波动估计能力比较分析, 采用了时序图对比、平均相对误差直方图对比等方法, 全面系统地比较了各类算法的估计能力.

通过本书的实证分析, 我们得出如下结论:

通过沪深 300 指数时序图发现, 沪深 300 指数 1min 数据的对数收益率存在周期性, 并且存在波动率聚集现象, 高波动率和低波动率各自聚集在某一时间段, 某段周期波动猛烈, 某段周期波动平缓. 这表明对数收益率的变化具有非线性的特征.

由沪深 300 指数不同采样频率的描述性统计分析可知, 随着时间频率由高到低, 样本均值和标准差逐渐增大, 因为时间间隔的增大, 收益率也会增大, 这与离散取值的价格有关. 偏度值随着时间频率的变化而变化, 即采样频率越高, 其偏度值也会随之增大. 峰度值随着时间频率的增大, 峰度值逐渐减小. 峰度值在 1min, 5min 和 15min 时大于标准峰值 3, 说明这些采样频率下收盘价格的对数收益率存在重尾、尖峰现象, 高频数据中偏离均值的异常情况比较突出, 需要对收盘价格的对数收益率进行自适应分解, 以提取不同频率下的非线性特征.

沪深 300 指数在 1min 高频采样频率下的多尺度分析发现, 通过 EMD 和 EEMD 分解后的序列周期都是按日、周、月、季度进行变化的, 而 CEEMDAN, LMD 和 ELMD 分解后的序列周期都是按照日、周、月进行变化的; 方差占比是判断其蕴含信息程度的关键指标, 根据分解后各分量的方差占比对序列进行重构, 重构后的序列分为高频、中频和低频, EMD, EEMD, CEEMDAN 和 LMD 分解重构后的序列都是按照周、月和季度进行变化的, 而 ELMD 是按照周、月进行变化的.

自适应分解方法对波动率的估计的时序图对比发现, 真实波动率的波动范围基本维持在 0.00002~0.00012, 总体波动性较大. LMD 方法求得的波动率与真实波动率之间的趋势一致, 且有重叠部分, 比 EEMD 算法更接近于真实波动率曲线, EMD 算法、CEEMDAN 算法与 ELMD 算法在波动幅度小的时候, 估计较为准确, 当波动幅度较大时, 估计效果较差. 在 30min 和 60min 时, ELMD 方法所求得的波动率与真实波动率平均相对误差最小, 说明 LMD 方法在采样频率较高时估计精度高, 效果最好. 而 ELMD 在采样频率较低时估计精度高, 效果最好.

通过不同的采样频率直方图对比发现, 在不同抽样频率下, 基于五种自适应方法所求的波动率与实际波动率的相对误差有着显著的差异. 相较于 5min, 15min, 30min, 60min 采样间隔, 1min 采样间隔的相对误差最小. 利用 EMD, EEMD, CEEMDAN, LMD, ELMD 方法计算的波动率与实际波动率之间的相对误差随着抽样间隔的增大而增大, 并且由直方图的尾端可知, 越来越大的极端值导致估计误差变大. 并且, 通过不同采样频率的直方图发现, 自适应分解算法的波动率估计对较高频金融数据做波动率估计的精度更高.

通过平均相对误差直方图对比发现, 对于每一种算法, 随着采样频率的增高, 平均相对误差越来越小. 但是对于同一种采样频率, 在 1min, 5min, 15min 时, LMD 对波动率的估计能力为最优, 在 30min 和 60min 时, ELMD 对波动率的估计能力为最优.

综上所述, 通过五种算法的平均相对误差比较, 进一步地证明了 LMD 方法对较高频率数据的波动率估计精确度最高. ELMD 方法对较低频率数据的波动率估计能力为最优. 说明局部均值分解算法最为适用于中国高频股市波动估计. 而总体局部均值分解算法适用于中国低频股市波动.

10.2 展　望

基于本书的研究基础, 未来可以在以下几个方面进行深入研究, 即多变量波动率模型的应用、考虑市场微观结构噪声的已实现波动率计算方法、自适应分解方法对混频数据进行多尺度分析以及自适应分解方法与机器学习结合对混频数据预测进行研究.

10.2.1 多变量波动率模型的应用

本书主要研究了沪深 300 指数这个具有中国代表性的股票指数. 而未能涉及多个板块指数或多个个股指数的研究. 而且, 本书的主要研究对象为单变量 RV, 而还未涉及多变量 RV 的研究.

我们假设两种金融资产在第 t 个交易日内能够观测到 n 个日内收益率 $\{(r_{x,t(1)}, r_{y,t(1)}), (r_{x,t(2)}, r_{y,t(2)}), \cdots, (r_{x,t(n)}, r_{y,t(n)})\}$, RC(Realized Covariance) 定义为这些日内收益率的乘积和：

$$\mathrm{RC}_t = \sum_{i=1}^{n} r_{x,t(i)} r_{y,t(i)} \tag{10-1}$$

其中, $r_{x,t(i)}(i = 1, 2, \cdots, n)$ 表示的是金融资产 x 在第 t 期中第 i 个观测时间段的日内收益率.

Barndorff-Nielsen 和 Shephard[81] 在 2004 年指出, 可以用 RC 来描述利用 2 个变量第 t 期的高频日内收益率来估计的回归系数. 这种估计方法称已实现回归, 即

$$r_{y,t(i)} = \beta_t r_{x,t(i)} + \varepsilon_{t(i)} \tag{10-2}$$

显然, β_t 的最小二乘估计量 $\hat{\beta}_t = \sum\limits_{i=1} r_{x,t(i)} r_{y,t(i)} \bigg/ \sum\limits_{i=1} r_{x,t(i)}^2$. 应用个股与市场投资组合 (Market Protfolio) 的高频日内收益率进行已实现回归, 可以获得日波动率可变的资本资产定价模型 (CAPM) 的 β 值.

10.2.2　考虑市场微观结构噪声的已实现波动率计算方法

由本书的第 4~8 章可知, 随着抽样频率的增加, RV 的精确度越高, 自适应方法计算出的波动率估计精度也越高. 但随着抽样频率的提高, 市场微观结构噪声所带来的问题越发严重.

近几年, 有些学者提出了考虑到市场微观结构噪声的 RV 计算方法. Aïtsahalia 等[191]、Bandi 和 Russell[192] 等提出了最优取样频率选择的方法. Zhang 等 [193,194] 提出了使用不同抽样频率计算复数个 RV 后将它们组合在一起的方法. Barndorff-Nielsen 等[195] 提出了核估计量 (Kernel Estimator) 方法. 这些不同计算方法的 RV 被当做波动率估计的真值与自适应分解方法所求的波动率估计值的比较也有待深入研究.

10.2.3　自适应分解方法对混频数据进行多尺度分析

从目前在高频数据应用研究领域的最新研究动态来看, 越来越多的学者开始关注高频数据与低频数据的混合应用. Ghysels 等[196] 提出混频数据抽样 MIDAS(Mixed Data Sampling) 模型, 该模型通过参数化的权重多项式将高频解释变量应用到线性模型的估计与预测中. Ghysels 等[197] 将 MIDAS 回归模型应用在水质趋势的分析中. Clements 等[198] 将 MIDAS 模型应用于宏观经济领域.

现实数据通常具有非线性、非平稳和不同频率的特性, 而传统的时频分析方法在分析此类数据方面存在一定的局限性, 自适应分解方法具有明显的优势. 因

此, 面向混频数据利用数据驱动的方法进行多尺度分析, 探讨不同频率数据的周期性、波动性、相关性和风险度量等, 亦成为数据分析领域研究热点. 利用自适应分解方法对混频数据进行多尺度分析, 主要包括数据的波动性、周期性、相关性和风险度量等, 并对不同的自适应分解方法进行对比分析. 自适应分解方法在混频数据方面的应用也有待我们进行深入的研究.

10.2.4 自适应分解方法与机器学习结合建立混频数据预测模型

针对混频数据建模分析与预测, MIDAS 方法是传统同频率回归模型的补充和扩展, 弥补了传统时间序列模型的缺陷, 其建模理论与分析技术受到国内外经济学、统计学界的高度重视和关注. 然而, MIDAS 模型本质上为参数化的回归形式, 存在权重函数选择局限和有效处理非线性数据问题, 限制了模型更好地推广和应用. 自适应数据分解和机器学习方法可以较好地解决以上问题, 利用自适应分解方法分析混频数据的多尺度特性, 为了更好解决数据之间非线性和混频数据建模问题, 借鉴 MIDAS 方法思想, 利用 ANN、SVM、随机森林等机器学习方法与 MIDAS 模型相结合, 构建一类新的混频数据机器学习与 MIDAS 模型, 验证了自适应分解算法与机器学习结合的混频数据预测模型的有效性和可靠性.

近几年, 随着越来越多的学者不断涌入基于金融高频数据的金融资产波动率研究领域, 新的研究成果和技术不断出现, 取得了突飞猛进的发展. 我们应继续跟踪学术界最新动态, 不断探索更加有效、更加精确的金融资产风险量化工具. 同时, 拓宽自适应分解方法的应用领域, 为风险管理提供了理论依据和参考.

参考文献

[1] 孙晖. 经验模态分解理论与应用研究[D]. 杭州: 浙江大学, 2005.

[2] Rilling G, Flandrin P, Gonçalves P. Empirical mode decomposition, fractional Gaussian noise and Hurst exponent estimation[C]. 30th IEEE International Conference on Acoustics, Speech, and Signal Processing, 19-23 March, 2005: 489-492.

[3] Flandrin P, Rilling G, Goncalves P. Empirical mode decomposition as a filter bank[J]. IEEE Signal Processing Letters, 2004, 11(2): 112-114.

[4] Wu Z, Huang N E. A Study of the characteristics of white noise using the empirical mode decomposition method[J]. Proceedings Mathematical Physical & Engineering Sciences, 2004, 460(2046): 1597-1611.

[5] Kizhner S, Flatley T P, Huang N E, et al. On the Hilbert-Huang transform data processing system development[A]. Aerospace Conference, Big Sky, 6-13 March, 2004: 1961-1979.

[6] Kizhner S, Blank K, Flatley T, et al. On certain theoretical developments underlying the Hilbert-Huang transform[A]. Aerospace Conference, Big Sky, 4-11 March, 2006: 1-14.

[7] Chen Q H, Huang N, Riemenschneider S, et al. A B-spline approach for empirical mode decompositions[J]. Advances in Computational Mathematics, 2006, 24(1-4): 171-195.

[8] Qian T. Mono-components for decomposition of signals[J]. Mathematical Methods in the Applied Sciences, 2006, 29(10): 1187-1198.

[9] Felsberg M, Sommer G. The monogenic signal[J]. IEEE Transactions on Signal Processing, 2002, 49(12): 3136-3144.

[10] Xu Y, Liu B, Liu J, et al. Two-dimensional empirical mode decomposition by finite elements[J]. Proceedings Mathematical Physical & Engineering Sciences, 2006, 462(2074): 3081-3096.

[11] 钟佑明, 秦树人, 汤宝平. Hilbert-Huang 变换中的理论研究[J]. 振动与冲击, 2002, 21(4): 13-17.

[12] 罗奇峰, 石春香. Hilbert-Huang 变换理论及其计算中的问题[J]. 同济大学学报 (自然科学版), 2003, 31(6): 637-640.

[13] Qian T, Zhang L, Li H. Mono-components vs IMFs in signal decomposition[J]. International Journal of Wavelets Multiresolution & Information Processing, 2008, 6(3): 353-374.

[14] 陈仲英, 巫斌, 许跃生, 等. 快速配置法中数值积分的误差控制策略[J]. 东北数学 (英文版), 2005, 21(2): 148-159.

[15] 尹逊福, 徐龙, 熊学军, 等. 南海东部区域的海流状况: Ⅲ. 海流的经验模分解和 Hilbert 谱[J]. 海洋科学进展, 2003, 21(2): 148-159.

[16] 陈淼峰. 基于 EMD 与支持向量机的转子故障诊断方法研究[D]. 长沙: 湖南大学, 2005.

[17] 杨志华, 齐东旭. 一种基于 EMD 的睡眠脑电图梭形波自动识别方法[J]. 北方工业大学学报, 2005, 17(1): 1-4.

[18] 戴吾蛟. GPS 精密动态变形监测的数据处理理论与方法研究[D]. 长沙: 中南大学, 2007.

[19] Yeh J R, Shieh J S, Huang N E. Complementary ensemble empirical mode decomposition: A novel noise enhanced data analysis method[J]. Advances in Adaptive Data Analysis, 2010, 2(2): 135-156.

[20] 郑近德, 程军圣, 杨宇. 改进的 EEMD 算法及其应用研究[J]. 振动与冲击, 2013, 32(21): 21-26, 46.

[21] 周先春, 嵇亚婷. 基于 EEMD 算法在信号去噪中的应用[J]. 电子设计工程, 2014, 22(8): 12-14.

[22] 朱永利, 王刘旺. 并行 EEMD 算法及其在局部放电信号特征提取中的应用[J]. 电工技术学报, 2018, 33(11): 2508-2519.

[23] 姚卫东, 王瑞君. 结构分解视角下股市波动与政策事件关系的实证研究——基于 EEMD 算法[J]. 上海经济研究, 2016, (1): 71-80.

[24] 王春香. 基于 EEMD 算法的动态超限预检系统研究[D]. 太原: 太原理工大学, 2016.

[25] 康志豪. 基于 EEMD 算法的电能质量扰动检测[D]. 长沙: 湖南大学, 2016.

[26] 岳凤丽. 基于 EEMD 的异常声音多类识别算法研究[D]. 西安: 西安电子科技大学, 2018.

[27] Colominas M A, Schlotthauer G, Torres M E, et al. Noise-assisted emd methods in action. Advances in Adaptive Data Analysis, 2012, 4(4): 125-133.

[28] 黄威威. 基于互补自适应噪声的集合经验模式分解算法研究[D]. 广州: 广东工业大学, 2015.

[29] Zhang W, Qu Z, Zhang K, et al. A combined model based on CEEMDAN and modified flower pollination algorithm for wind speed forecasting[J]. Energy Conversion and Management, 2017, 136: 439-451.

[30] Xu Y, Luo M Z, Li T, et al. ECG signal de-noising and baseline wander correction based on CEEMDAN and wavelet threshold[J]. Sensors, 2017, 17(12): 2754.

[31] 于鹏. 基于 CEEMDAN 的 MMC-HVDC 电缆线路单极接地故障检测方法的研究[D]. 青岛: 山东科技大学, 2018.

[32] 谢志谦, 孙虎儿, 刘乐, 等. 基于 CEEMDAN 样本熵与 SVM 的滚动轴承故障诊断[J]. 组合机床与自动化加工技术, 2017, (3): 96-100.

[33] Moshen K, Gang C, Yusong P, et al. Research of planetary gear fault diagnosis based on permutation entropy of CEEMDAN and ANFIS[J]. Sensors, 2018, 18(3): 782.

[34] Li Y X, Li Y A, Chen X, et al. A new underwater acoustic signal denoising technique based on CEEMDAN, mutual information, permutation entropy, and wavelet threshold denoising[J]. Entropy, 2018, 20(8): 563.

[35] 韩庆阳, 孙强, 王晓东, 等. CEEMDAN 去噪在拉曼光谱中的应用研究[J]. 激光与光电子学进展, 2015, 52(11): 274-280.

[36] Das A B, Bhuiyan M I H. Discrimination of focal and non-focal EEG signals using entropy-based features in EEMD and CEEMDAN domains[C]. International Conference on Electrical & Computer Engineering. IEEE, 2016.

[37] 程军圣, 张亢, 杨宇, 等. 局部均值分解与经验模式分解的对比研究[J]. 振动与冲击, 2009, 28(5): 13-16.

[38] 程军圣, 张亢, 杨宇. 基于噪声辅助分析的总体局部均值分解方法[J]. 机械工程学报, 2011, 47(3): 55-62.

[39] 王明达, 张来斌, 梁伟, 等. 基于 B 样条插值的局部均值分解方法研究[J]. 振动与冲击, 2010, 29(11): 73-77.

[40] 黄传金, 曹文思, 陈铁军, 等. 局部均值分解在电力系统间谐波和谐波失真信号检测中的应用[J]. 电力自动化设备, 2013, 33(9): 68-73.

[41] 唐贵基, 王晓龙. 基于局部均值分解和切片双谱的滚动轴承故障诊断研究[J]. 振动与冲击, 2013, 32(24): 83-88.

[42] 张亢. 局部均值分解方法及其在旋转机械故障诊断中的应用研究[D]. 长沙: 湖南大学, 2012.

[43] 宋斌华. 基于 Hilbert-Huang 变换和局部均值分解的时变结构模态参数识别[D]. 长沙: 中南大学, 2009.

[44] 陈飞. 基于局部均值分解的桥梁结构模态参数识别[D]. 成都: 西南交通大学, 2016.

[45] 胡爱军, 孙敬敬, 向玲. 经验模态分解中的模态混叠问题[J]. 振动、测试与诊断, 2011, 31(4): 429-434, 532-533.

[46] 杨斌, 张家玮, 樊改荣, 等. 最优参数 MCKD 与 ELMD 在轴承复合故障诊断中的应用研究[J]. 振动与冲击, 2019, 38(11): 59-67.

[47] 邹金慧, 张雨琦, 马军. 基于 ELMD 和灰色相似关联度的滚动轴承故障诊断研究[J]. 昆明理工大学学报 (自然科学版), 2019, 44(2): 48-55.

[48] 杨帅杰, 马跃, 张旭, 等. 一种 ELMD 模糊熵和 GK 聚类的轴承故障诊断方法[J]. 机械设计与制造, 2018, (6): 118-121.

[49] 李慧梅, 安钢, 郑立生. 基于 ELMD 和能量算子解调的滚动轴承故障诊断方法研究[J]. 机床与液压, 2014, 42(23): 200-203, 191.

[50] 李伟娟, 陈帅, 张超. ELMD 与排列熵在滚动轴承故障诊断中的应用[J]. 组合机床与自动化加工技术, 2016, (12): 88-91.

[51] 王建国, 陈帅, 张超. 噪声参数最优 ELMD 与 LS-SVM 在轴承故障诊断中的应用与研究[J]. 振动与冲击, 2017, 36(5): 72-78, 86.

[52] 王建国, 陈帅, 张超, 等. 基于自相关降噪和 ELMD 的轴承故障诊断方法[J]. 仪表技术与传感器, 2017, (6): 153-157.

[53] 杨娜, 沈亚坤. 基于 ELMD 和 MED 的滚动轴承早期故障诊断方法[J]. 轴承, 2018, (8): 55-59.

[54] 朱腾飞, 张超. 随机共振消噪与 ELMD 相结合的轴承故障诊断[J]. 机械设计与研究, 2018, 34(3): 103-107.

[55] 何园园, 张超, 陈帅. 自适应随机共振与 ELMD 在轴承故障诊断中的应用[J]. 机械科学与技术, 2018, 37(4): 607-613.

[56] 董国新. 基于 ELMD 多尺度模糊熵和概率神经网络的暂态电能质量识别[D]. 秦皇岛: 燕山大学, 2016.

[57] 陈敏, 王娆芬. 基于总体局部均值分解方法的心律失常特征提取与分类[J]. 中国医学物理学杂志, 2019, 36(10): 1211-1216.

[58] 白钦先, 丁志杰. 论金融可持续发展[J]. 国际金融研究, 1998, (5): 28-32.

[59] 张坤, 白钦先. 金融基础理论的创新与发展——“金融体制”研究对象. 研究方法与价值判断[J]. 江西财经大学学报, 2017, (5): 22-28.

[60] 张波, 余超, 毕涛. 高频金融数据建模[M]. 北京: 清华大学出版社, 2015.

[61] Engle R F, Granger C W J. Co-integration and error correction: Representation, estimation, and testing[J]. Econometrica, 1987, 55(2): 251-276.

[62] Engle R F. The econometrics of Ultra-high-frequency Data[J]. Econometria, 2000, 68(1): 1-22.

[63] Andersen T G, Bollerslev T, Diebold F X, et al. The distribution of stock return volatility[J]. Nber Working Papers, 2000, 93(1): 43-76.

[64] Merton R C. On Estimating the expected return on the market: An exploratory investigation[J]. Journal of Financial Economics, 1980, 8(4): 323-361.

[65] Engle R F. Autoregressive conditional heteroscedasticity with estimates of the variance of united kingdom inflation[J]. Econometrica, 1982, 50(4): 987-1007.

[66] Andersen T G, Bollerslev T. Answering the skeptics: Yes, standard volatility models do provide accurate forecasts[J]. International Economic Review, 1998, 39(4): 885-905.

[67] Martens M. Measuring and forecasting S&P 500 index-futures volatility using high-frequency data[J]. Journal of Futures Markets, 2002, 22(6): 497-518.

[68] Koopman S J, Jungbacker B, Hol E. Forecasting daily variability of the S&P 100 stock index using historical, realized and implied volatility measurements [J]. Journal of Empirical Finance, 2005, 12(3): 445-475.

[69] Christoffersen P, Feunou B, Jacobs K, et al. The economic value of realized volatility: Using high-frequency returns for option valuation[J]. Journal of Financial and Quantitative Analysis, 2014, 49(3): 663-697.

[70] Corsi F, Mittnik S, Pigorsch C, et al. The volatility of realized volatility[J]. Econometric Reviews, 2008, 27(1-3): 46-78.

[71] 刘广应, 吴海月. 金融高频数据波动率度量比较——基于 ARFIMA 模型的 VaR 视角[J]. 上海金融, 2014, (1): 84-88, 118.

[72] 罗嘉雯, 陈浪南. 基于贝叶斯因子模型金融高频波动率预测研究[J]. 管理科学学报, 2017, 20(8): 13-26.

[73] 朱学红, 邹佳纹, 韩飞燕, 等. 引入外部冲击的中国铜期货市场高频波动率建模与预测[J]. 中国管理科学, 2018, 26(9): 52-61.

[74] Huang N E, Wu M L, Qu W, et al. Applications of Hilbert-Huang transform to non-stationary financial time series analysis[J]. Applied Stochastic Models in Business & Industry, 2010, 19(3): 245-268.

[75] Smith J S. The local mean decomposition and its application to EEG perception data[J]. Journal of the Royal Society Interface, 2005, 2(5): 443-454.

[76] Christensen K, Podolskij M. Asymptotic theory for range-based estimation of quadratic variation of discontinuous semimartingales[R]. Aarhus School of Business, 2005.

[77] Martens M, Van Dijk D. Measuring volatility with the realized range[J]. Journal of Econometrics, 2007, 138(1): 181-207.

[78] Christensen K, Podolskij M. Realized range-based estimation of integrated variance[J]. Journal of Econometrics, 2007, 141(2): 323-349.

[79] Barndorff-Nielsen O E, Shephard N. Econometric analysis of realized volatility and its use in estimating stochastic volatility models[J]. Journal of the Royal Statistical Society, 2002, 64(2): 253-280.

[80] Barndorff-Nielsen O E, Shephard N. Estimating quadratic variation using realized variance[J]. Journal of Applied Econometrics, 2002, 17(5): 457-477.

[81] Barndorff-Nielsen O E, Shephard N. Power and bipower variation with stochastic volatility and jumps[J]. Journal of Financial Econometrics, 2004, 2(1): 1-37.

[82] Barndorff-Nielsen O E, Shephard N. Econometric analysis of realized covariation: High frequency based covariance, regression, and correlation in financial economics[J]. Econometrica, 2004, 72(3): 885-925.

[83] Barndorff-Nielsen O E, Shephard N. Econometrics of Testing for Jumps in Financial Economics Using Bipower Variation[J]. Journal of Financial Econometrics, 2006, 4(1): 1-30.

[84] Blair B J, Poon S H, Taylor S J. Forecasting S&P 100 volatility: The incremental information content of implied volatilities and high-frequency index returns[J]. Journal of Econometrics, 2001, 105(1): 5-26.

[85] Gonçalves S, Meddahi N. Bootstrapping realized volatility[J]. Econometrica, 2009, 77(1): 283-306.

[86] Gonçalves S, Hounyo U, Meddahi N. Bootstrap inference for pre-averaged realized volatility based on nonoverlapping returns[J]. Journal of Financial Econometrics, 2014, 12(4): 679-707.

[87] Areal N M P C, Taylor S J. The realized volatility of FTSE-100 futures prices[J]. Social Science Electronic Publishing, 2000, 22(7): 627-648.

[88] Elton E J. Expected return, realized return, and asset pricing tests[J]. Journal of Finance, 2010, 54(4): 1199-1220.

[89] Andersen T G, Bollerslev T, Diebold F X, et al. Modelling and forecasting realized volatility[J]. Econometrica, 2003, 71(2): 579-625.

[90] Terrell D, Fomby T B, Diebold F X, et al. Realized beta: Persistence and predictability[J]. Social Science Electronic Publishing, 2004, 20: 1-40.

[91] Shao X D, Lian Y J, Yin L Q. Forecasting Value-at-Risk using high frequency data: The realized range model[J]. Global Finance Journal, 2009, 20(2): 128-136.

[92] Barndorff-Nielsen O E, Graversen S E, Jacod J, et al. Limit theorems for bipower

variation in financial econometrics[J]. Econometric Theory, 2006, 22(4): 677-719.

[93] Dovonon P, Gonçalves S, Meddahi N. Bootstrapping realized multivariate volatility measures [J]. Mpra Paper, 2009, 172(1): 49-65.

[94] Andersen T G, Bollerslev T, Diebold F X, et al. The distribution of realized exchange rate volatility[J]. Publications of the American Statistical Association, 2001, 96(453): 42-55.

[95] Andersen T G, Bollerslevtim T, Meddahi N. Correcting the Errors: Volatility Forecast Evaluation Using High-Frequency Data and Realized Volatilities[J]. Econometrica, 2005, 73(1): 279-296.

[96] Andreou E, Andreou E, Ghysels E, et al. Rolling-sample volatility estimators: Some new theoretical, simulation and empirical results[J]. Journal of Business & Economic Statistics, 2000, 20(3): 363-376.

[97] Bandi F M, Russell J R. Separating microstructure noise from volatility [J]. Journal of Financial Economics, 2006, 79(3): 655-692.

[98] 徐正国, 张世英. 调整“已实现”波动率与 GARCH 及 SV 模型对波动的预测能力的比较研究[J]. 系统工程, 2004, 22(8): 60-63.

[99] 徐正国, 张世英. 高频时间序列的改进“已实现”波动特性与建模[J]. 系统工程学报, 2005, 20(4): 344-350.

[100] 李玲珍, 郭名媛. 已实现波动和赋权已实现波动的比较研究[J]. 西北农林科技大学学报(社会科学版), 2009, 9(2): 44-47.

[101] 李胜歌, 张世英. 金融波动的赋权“已实现”双幂次变差及其应用[J]. 中国管理科学, 2007, V15(5): 9-15.

[102] 唐勇, 张世英. 高频数据的加权已实现极差波动及其实证分析[J]. 系统工程, 2006, 24(8): 52-57.

[103] Andersen T G, Dobrev D, Schaumburg E. Jump-robust volatility estimation using nearest neighbor truncation[J]. Journal of Econometrics, 2012, 169(1): 75-93.

[104] Parkinson M. The extreme value method for estimating the variance of the rate of return[J]. Journal of Business, 1980, 53(1): 61-65.

[105] Hansen P R, Lunde A, Nason J M. Choosing the best volatility models: The model confidence set approach[J]. Oxford Bulletin of Economics & Statistics, 2003, 65(Supplement s1): 839-861.

[106] Chuliá H, Martens M, Dijk D V. Asymmetric effects of federal funds target rate changes on S&P100 stock returns, volatilities and correlations[J]. Journal of Banking & Finance, 2010, 34(4): 834-839.

[107] Martens M, Zein J. Predicting financial volatility: High-frequency time-series forecasts vis-à-vis implied volatility[J]. Journal of Futures Markets, 2004, 24(11): 1005-1028.

[108] 石志晓. 时频联合分析方法在参数识别中的应用[D]. 大连: 大连理工大学, 2005.

[109] 张永德. 基于经验模态分解的小波阈值信号去噪研究[D]. 昆明: 昆明理工大学, 2011.

[110] Gabor D. Theory of communication[J]. Iee Proc London, 1946, 93(73): 429-457.

[111] Bian H, Chen G. Anti-aliasing nonstationary signals detecion algorithm based on interpolation in the frequency domain using the short time Fourier transform[J]. Journal of Systems Engineering & Electronics, 2008, 19(3): 419-426.

[112] Debnath L. Wavelet Transforms and Their Applications[M]. Boston: Bikhauser, 2002.

[113] 王大凯, 彭进业. 小波分析及其在信号处理中的应用[M]. 北京: 电子工业出版社, 2006.

[114] Shinde A, Hou Z. A wavelet packet based sifting process and its application for structural health monitoring[J]. Structural Health Monitoring, 2005, 4(2): 153-170.

[115] 王婷. EMD 算法研究及其在信号去噪中的应用[D]. 哈尔滨: 哈尔滨工程大学, 2010.

[116] Rilling G, Flandrin P. One or Two Frequencies? The Empirical Mode Decomposition Answers. IEEE Transactions on Signal Processing, vol. 56, no. 1, pp. 85-95.

[117] Boudraa A O, Cexus J C. EMD-based signal filtering[J]. IEEE Transactions on Instrumentation & Measurement, 2007, 56(6): 2196-2202.

[118] Boudraa A O, Cexus J C, Benramdane S, et al. Noise filtering using Empirical Mode Decomposition[C]. International Symposium on Signal Processing & Its Applications. 2007.

[119] 林建国. 非线性 Duffing 方程的高精度近似解[J]. 力学与实践, 1999, 21(5): 39-41.

[120] 闻邦椿. “工程非线性振动” 的研究的若干进展及展望[C]. 第八届全国动力学与控制学术会议, 2008: 24-33.

[121] 陈淑萍, 程磊. 基于 Hilbert-Huang 变换理论的非线性系统分析[J]. 系统工程与电子技术, 2008, 30(4): 719-722.

[122] 杨永锋, 任兴民, 秦卫阳, 等. 基于 EMD 方法的混沌时间序列预测[J]. 物理学报, 2008, 57(10): 6139-6144.

[123] 屈文忠, 王广, 曾又林, 等. 多自由度振动系统非线性动力特性的 HHT 辨识方法研究[J]. 机械科学与技术, 2007, 26(12): 1616-1620.

[124] 曹冲锋. 基于 EMD 的机械振动分析与诊断方法研究[D]. 杭州: 浙江大学, 2009.

[125] Parey A, Badaoui M E, Guillet F, et al. Dynamic modelling of spur gear pair and application of empirical mode decomposition-based statistical analysis for early detection of localized tooth defect[J]. Journal of Sound & Vibration, 2006, 294(3): 547-561.

[126] Li H, Deng X, Dai H. Structural damage detection using the combination method of EMD and wavelet analysis[J]. Mechanical Systems & Signal Processing, 2007, 21(1): 298-306.

[127] Guo K, Zhang X, Li H, et al. Application of EMD method to friction signal processing[J]. Mechanical Systems & Signal Processing, 2008, 22(1): 248-259.

[128] 程军圣, 于德介, 杨宇. 基于支持矢量回归机的 Hilbert-Huang 变换端点效应问题的处理方法[J]. 机械工程学报, 2006, 42(4): 23-31.

[129] 于德介, 陈森峰. 一种基于经验模式分解与支持向量机的转子故障诊断方法[J]. 中国电机工程学报, 2006, 26(16): 162-167.

[130] Yang J N, Lei Y, Pan S, et al. System identification of linear structures based on Hilbert-Huang spectral analysis. Part I: Normal modes[J]. Earthquake Engineering & Structural Dynamics, 2003, 32(9): 1533-1554.

[131] Bernal D, Gunes B. An examination of instantaneous frequency as a damage detection tool[C]. Proceedings of 14th Engineering Mechanics Conference, Austin, 21-24 May, 2000: 398-405.

[132] Gai Q, Ma X J, Zhang H Y. The partial wave method for the analysis of non-stationary signals and its use in fault diagnosis[C]. Proceedings of International Symposium on Test and Measurement, Shanghai, June 01-03, 2001: 1465-1468.

[133] Rai V K, Mohanty A R. Bearing fault diagnosis using FFT of intrinsic mode functions in Hilbert-Huang transform[J]. Mechanical Systems & Signal Processing, 2007, 21(6): 2607-2615.

[134] Pines D, Salvino L. Structural health monitoring using empirical mode decomposition and the Hilbert phase[J]. Journal of Sound & Vibration, 2006, 294(1): 97-124.

[135] Spanos P D, Giaralis A, Politis N P. Time-frequency representation of earthquake accelerograms and inelastic structural response records using the adaptive chirplet decomposition and empirical mode decomposition[J]. Soil Dynamics & Earthquake Engineering, 2007, 27(7): 675-689.

[136] Loutridis S J. Instantaneous energy density as a feature for gear fault detection[J]. Mechanical Systems & Signal Processing, 2006, 20(5): 1239-1253.

[137] 苗刚, 马孝江, 任全民. 多尺度 Hilbert 谱熵在故障诊断中的应用 [J]. 农业机械学报, 2007, 38(3): 176-178.

[138] 鞠萍华, 秦树人, 秦毅, 等. 多分辨 EMD 方法与频域平均在齿轮早期故障诊断中的研究[J]. 振动与冲击, 2009, 28(5): 97-101.

[139] 杨宇, 于德介, 程军圣. 基于 EMD 与神经网络的滚动轴承故障诊断方法[J]. 振动与冲击, 2005, 24(1): 85-88.

[140] 赵进平. 异常事件对 EMD 方法的影响及其解决方法研究[J]. 中国海洋大学学报 (自然科学版), 2001, 31(6): 805-814.

[141] 杨世锡, 胡劲松, 吴昭同, 等. 旋转机械振动信号基于 EMD 的希尔伯特变换和小波变换时频分析比较[J]. 中国电机工程学报, 2003, 23(6): 102-107.

[142] 钟佑明, 秦树人. 希尔伯特-黄变换的统一理论依据研究[J]. 振动与冲击, 2006, 25(3): 40-43.

[143] 贾嵘, 王小宇, 蔡振华, 等. 基于最小二乘支持向量机回归的 HHT 在水轮发电机组故障诊断中的应用[J]. 中国电机工程学报, 2006, 26(22): 128-133.

[144] 雷亚国, 何正嘉, 訾艳阳, 等. 基于特征评估和神经网络的机械故障诊断模型[J]. 西安交通大学学报, 2006, 40(5): 558-562.

[145] 沈国际, 陶利民, 陈仲生. 多频信号经验模态分解的理论研究及应用[J]. 振动工程学报, 2005, 18(1): 91-94.

[146] 胡劲松, 杨世锡. 基于自相关的旋转机械振动信号 EMD 分解方法研究[J]. 机械强度, 2007, 29(3): 376-379.

[147] Cheng J, Yu D, Tang J, et al. Application of frequency family separation method based upon EMD and local Hilbert energy spectrum method to gear fault diagnosis[J]. Mechanism & Machine Theory, 2008, 43(6): 712-723.

[148] Li H, Zheng H Q, Tang L W. Hilbert-Huang transform and its application in gear faults diagnosis[J]. Key Engineering Materials, 2005, 291-292(6): 655-660.

[149] 张超, 陈建军, 郭迅, 等. 基于 EMD 能量熵和支持向量机的齿轮故障诊断方法[J]. 振动与冲击, 2010, 29(10): 216-220, 261.

[150] 裘焱, 吴亚锋, 李野. 应用 EMD 分解下的 Volterra 模型提取机械故障特征[J]. 振动与冲击, 2010, 29(6): 59-61, 128, 235.

[151] 张德祥, 汪萍, 吴小培, 等. 基于经验模式分解和 Teager 能量谱的齿轮箱故障诊断[J]. 振动与冲击, 2010, 29(7): 109-111, 138, 239.

[152] Khaldi K, Turki-Hadj Alouane M, Boudraa A O. A new EMD denoising approach dedicated to voiced speech signals[C]. 2nd International Conference on Signals Circuits and Systems, Nabeul, Tunisia, 7-9 November, 2008: 113-117.

[153] Deger E, Molla M K I, Hirose K, et al. EMD based soft-thresholding for speech enhancement[C]. 8th Annual Conference of the International Speech Communication Association, Antwerp, Belgium, 27-31, August, 2007: 1525-1528.

[154] Liu Z F, Liao Z P, Sang E F. Speech enhancement based on Hilbert-Huang transform[A]. Proceedings of 2005 International Conference on Machine Learning & Cybernetics, Guangzhou, 18-21 August, 2005: 4908-4912.

[155] 卢志茂, 孙美玲, 张春祥, 等. 基于极值域均值模式分解的语音增强方法[J]. 系统工程与电子技术, 2011, 33(7): 1680-1684.

[156] 邹晓杰. 希尔伯特—黄变换及其在语音增强中的应用研究[D]. 哈尔滨: 哈尔滨工程大学, 2008.

[157] 廖庆斌, 李舜酩. 一种旋转机械振动信号特征提取的新方法[J]. 中国机械工程, 2006, 17(16): 1675-1679.

[158] Chappell M A, Payne S J. A method for the automated detection of venous gas bubbles in humans using empirical mode decomposition[J]. Annals of Biomedical Engineering, 2005, 33(10): 1411-1421.

[159] 公茂盛, 谢礼立. HHT 方法在地震工程中的应用之初步探讨[J]. 世界地震工程, 2003, 19(3): 39-43.

[160] 陈隽, 徐幼麟. 经验模分解在信号趋势项提取中的应用[J]. 振动、测试与诊断, 2005, 25(2): 101-104.

[161] 赵宝新, 张保成, 赵鹏飞, 等. EMD 在非平稳随机信号消除趋势项中的研究与应用[J]. 机械制造与自动化, 2009, 38(5): 85-87.

[162] 姚成, 吴小培. 小波变换与生物医学信号处理[J]. 生物学杂志, 2000, 17(1): 24-26.

[163] Souza Neto E P, Custaud M A, Cejka J C, et al. Assessment of cardiovascular autonomic control by the empirical mode decomposition[J]. Methods of Information in Medicine, 2004, 43(01): 60-65.

[164] Carson J R, Fry T C. Variable frequency electric circuit theory with application to the theory of frequency modulation[J]. Bell System Technical Journal, 1937, 16(4): 513-540.

[165] Torres W P, Quatieri T F. Estimation of modulation based on FM-to-AM transduc-

tion: Two-sinusoid case[J]. IEEE Transactions on Signal Processing, 1999, 47(11): 3084-3097.

[166] Ville J. Theorie et applications de la notion de signal analytique[J]. Cables et Transmission, 1948, 2(A): 61-74.

[167] Cohen L. Time-frequency analysis: Theory and applications[J]. Journal of the Acoustical Society of America, 1995, 134(5): 4002.

[168] Boashash B. Estimating and interpreting the instantaneous frequency of a signal. I. Fundamentals[J]. IEEE Proceedings, 1992, 80(4): 540-568.

[169] Luk F T. Instantaneous frequency, its standard deviation and multicomponent signals[C]. Proceedings of SPIE, San Diego. 15 August, 1988, 0955: 186-208.

[170] 陈平, 李庆民, 赵彤, 等. 瞬时频率估计算法研究进展综述 [J]. 电测与仪表, 2006, 43(7): 1-7.

[171] Nho W, Loughlin P J. When is instantaneous frequency the average frequency at each time?[J]. IEEE Signal Processing Letters, 2002, 6(4): 78-80.

[172] Hlawatsch F, Boudreaux-Bartels G F. Linear and quadratic time-frequency signal representations[J]. IEEE Signal Processing Magazine, 1992, 9(2): 21-67.

[173] Huang N E, Shen Z, Long S R, et al. The empirical mode decomposition and the Hilbert spectrum for nonlinear and non-stationary time series analysis[J]. Proceedings Mathematical Physical & Engineering Sciences, 1998, 454(1971): 903-995.

[174] 西村友作. 基于高频数据的中国股市波动率研究[M]. 北京: 对外经济贸易大学出版社, 2014.

[175] 张峻华, 戴伦, 刘文浩. 股票价格行为关于几何布朗运动的模拟——基于中国上证综指的实证研究[J]. 财经界 (学术版), 2014, (19): 33-35.

[176] 时世晨. EEMD 时频分析方法研究和仿真系统设计[D]. 上海: 华东师范大学, 2011.

[177] 王书平, 宋旋, 魏晓萌. 上海和伦敦黄金市场间的动态关联研究——基于多尺度视角下的分析[J]. 价格理论与实践, 2019, (11): 86-89.

[178] Wu Z, Huang N E. Ensemble empirical mode decomposition: A noise-assisted data analysis method[J]. Advances in Adaptive Data Analysis, 2009, 1(1): 1-41.

[179] 盖强. 局域波时频分析方法的理论研究与应用[D]. 大连: 大连理工大学, 2001.

[180] 朱明. 新颖的自适应时频分布方法及在故障诊断中应用研究[D]. 南昌: 南昌航空大学, 2015.

[181] 钟佑明. 希尔伯特—黄变换局瞬信号分析理论的研究[D]. 重庆: 重庆大学, 2002.

[182] 黄大吉, 赵进平, 苏纪兰. 希尔伯特-黄变换的端点延拓[J]. 海洋学报, 2003, 25(1): 1-11.

[183] 刘慧婷, 张旻, 程家兴. 基于多项式拟合算法的 EMD 端点问题的处理[J]. 计算机工程与应用, 2004, 40(16): 84-86, 100.

[184] 黄诚惕. 希尔伯特—黄变换及其应用研究[D]. 成都: 西南交通大学, 2006.

[185] 裘焱, 吴亚锋, 杨永峰, 等. Volterra 模型预测在 EMD 端点延拓中的应用[J]. 振动、测试与诊断, 2010, 30(1): 70-74.

[186] Qiu Y, Yafeng W U, Yang Y, et al. Research on application of volterra model prediction in EMD terminal extension[C]. Proceedings of the 3rd International Conference

on Engineering and Mechanics, Beijing, China, 21-23 October, 2009: 1061-1066.

[187] 杨永锋, 吴亚锋, 任兴民, 等. 基于最大 Lyapunov 指数预测的 EMD 端点延拓[J]. 物理学报, 2009, 58(6): 3742-3746.

[188] 杨永锋. 经验模态分解与非线性分析的协同研究[S]. 西安: 西北工业大学博士后出站报告, 2009.

[189] 宋美. 基于集合经验模态分解和小波收缩算法的自适应心电信号去噪问题研究[J]. 生物数学学报, 2015(4): 629-638.

[190] Torres M E, Colominas M A, Schlotthauer G, et al. A complete ensemble empirical mode decomposition with adaptive noise[C]. IEEE International Conference on Acoustics, Speech and Signal Processing. IEEE, 2011: 4144-4147.

[191] Aïtsahalia Y, Mykland P A, Lan Z. How often to sample a continuous-time process in the presence of market microstructure noise[J]. Review of Financial Studies, 2005, 18(2): 351-416.

[192] Bandi F M, Russell J R. Microstructure Noise, Realized Variance, and Optimal Sampling[J]. Review of Economic Studies, 2008, 75(2): 339-369.

[193] Zhang L, Mykland P A, Aït-Sahalia Y. A tale of two time scales: Determining integrated volatility with noisy high-frequency data[J]. Journal of the American Statistical Association, 2005, 100(472): 1394-1411.

[194] Zhang L. Efficient estimation of stochastic volatility using noisy observations: A multiscale approach[J]. Bernoulli, 2006, 12(6): 1019-1043.

[195] Barndorff-Nielsen O E, Hansen P R, Lunde A, et al. Subsampling realised kernels[J]. SSRN Electronic Journal, 2011, 160(1): 204-219.

[196] Ghysels E, Santa-Clara P, Valkanov R. The MIDAS touch: Mixed data sampling regressions models. Anderson School of Management, UCLA. 2004, 5(1): 512-517.

[197] Penev S, Leonte D, Lazarov Z, et al. Applications of MIDAS regression in analysing trends in water quality[J]. Journal of Hydrology, 2014, 511(511): 151-159.

[198] Clements M P, Galvão A B. Forecasting US output growth using leading indicators: an appraisal using MIDAS models[J]. Journal of Applied Econometrics, 2010, 24(7): 1187-1206.